化学工业出版社"十四五"普通高等教育规划教材

江苏省卓越工程师教育培训计划2.0专业配套教材
江苏省本科高校产教融合型品牌专业配套教材
江苏高校品牌专业建设工程配套教材

精细化工实验

房忠雪 王彦卿 主 编
董 军 赵栋梁 副主编

JINGXI
HUAGONG
SHIYAN

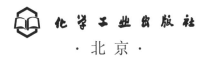

化学工业出版社
·北京·

内容简介

《精细化工实验》分12章，共计78个实验。其中，第1章绪论，第2章农药（5个），第3章表面活性剂（7个），第4章催化剂和助剂（9个），第5章胶黏剂（6个），第6章涂料（5个），第7章香料（7个），第8章食品和饲料添加剂（7个），第9章日用化学品（9个），第10章染料与颜料（8个），第11章功能材料（5个），第12章医药中间体（10个）。

本书可作为高等学校应用化学、精细化工、化学工程与工艺、制药工程等专业的教材，还可供从事精细化工与制药工作的科技人员参考。

图书在版编目（CIP）数据

精细化工实验／房忠雪，王彦卿主编．— 北京：化学工业出版社，2022.9

化学工业出版社"十四五"普通高等教育规划教材
ISBN 978-7-122-41809-8

Ⅰ．①精… Ⅱ．①房…②王… Ⅲ．①精细化工-化学实验-高等学校-教材 Ⅳ．①TQ062-33

中国版本图书馆CIP数据核字（2022）第116742号

责任编辑：宋林青　　　　　　　　　　文字编辑：李　玥
责任校对：赵懿桐　　　　　　　　　　装帧设计：史利平

出版发行：化学工业出版社（北京市东城区青年湖南街13号　邮政编码100011）
印　　刷：北京云浩印刷有限责任公司
装　　订：三河市振勇印装有限公司
787mm×1092mm　1/16　印张 9¼　字数 219 千字　2024 年 8 月北京第 1 版第 1 次印刷

购书咨询：010-64518888　　　　　　　售后服务：010-64518899
网　　址：http://www.cip.com.cn
凡购买本书，如有缺损质量问题，本社销售中心负责调换。

定　　价：29.80元　　　　　　　　　　　　　　　　　　　版权所有　违者必究

《精细化工实验》编写组

主　　编：房忠雪　王彦卿
副 主 编：董　军　赵栋梁
参　　编（按姓氏笔画排序）：
　　　　　于海艳　马向东　王　羽　朱大亮
　　　　　李　杰　杨　笑　吴　林　沙新龙
　　　　　郭　斌　徐国栋　黄　伟　焦昌梅

前　言

在大学本科精细化工实验教学方面，已经出版了众多优秀的教材，为各高校培养人才提供了保障。然而，随着科研水平的不断提高、科学技术的迅猛发展和实验教学的不断革新，精细化工实验的教学内容、实验方法和仪器设备均发生了较大的变化，部分实验已满足不了现代化发展的需求。因此，在传统实验的基础上，需要引入新的实验项目和实验方法，更新部分实验内容。

精细化工实验是为化学工程与工艺专业、应用化学专业等本科生开设的综合性、设计性专业实验课，属实践类课程环节。精细化工实验的学习，是培养学生创新能力和动手能力的重要环节，它可为学生将来从事精细化学品的研究、开发和生产打下坚实的基础。通过本课程的学习，可使学生掌握精细化学品如表面活性剂、化妆品、香料、染料、涂料等典型精细化工产品的特点、用途及实验技术、制备技术、复配技术；可培养学生从事实验研究的初步能力，即对实验现象有较敏锐的观察能力，运用各种实验手段正确获取实验数据的能力，分析和归纳实验数据的能力，由实验数据和实验现象实事求是地得出结论，并提出自己的见解的能力；可培养学生运用所学理论分析和解决实际问题的能力，使学生的实验操作技能和解决实际问题的能力有较大程度的提高和增强。

本实验教材基于"精细有机合成化学"和"精细化学品化学"课程的理论基础，面向四年制普通本科实验教学课程，由一线教师编写而成。一方面，本教材沿用传统精细化工实验教材的框架和优点；另一方面，本教材突出如下特点：①系统性强、内容丰富，强调把课程思政引入实际的教学当中。②着重培养学生的基础实验操作能力，同时锻炼学生自主创新的能力。③利用现代分析手段来分析、监测反应的同时，不排除通用仪器的使用。④为了适应工业化生产的需求，尽量使用工业级的药品和试剂。⑤以合成为基础，注重产品的质量和性能。实验目的明确，实验机理更加详细，每个实验给出了相应的参考文献，便于学生对实验的进一步理解。⑥在绪论部分详细介绍了精细化工实验的基本实验操作技能和实验要求，为精细化学品的合成提供有力保障。

本书由盐城师范学院精细化工教研室房忠雪和王彦卿共同主编，盐城师范学院董军和盐城凯利药业有限公司赵栋梁任副主编，参加编写的人员还有：于海艳、马向东、王羽、朱大亮、吴林、郭斌、徐国栋、黄伟、焦昌梅、李杰、沙新龙、杨笑。在编写过程中盐城师范学院的许多老师做了很多辅助性工作，在此一并表示感谢。

本教材属于初次出版，加之编者水平有限，难免有疏漏和其他不妥之处，欢迎各位专家和师生批评指正，以便不断提高。

作者

2024 年 04 月

目　　录

第1章　绪论 ··· 1
1.1　精细化工的定义 ··· 1
1.2　精细化学品的分类 ·· 1
1.3　精细化工的特点 ··· 2
1.4　精细化工发展现状和趋势 ·· 4
1.5　精细化工实验基础知识 ··· 5
1.6　精细化工实验方案的确定 ·· 8

第2章　农药 ·· 13
2.1　农药的定义 ··· 13
2.2　农药的分类 ··· 13
2.3　农药的应用 ··· 13
实验 2-1　对氯苯氧乙酸的制备 ·· 14
实验 2-2　农药福美双的合成 ·· 15
实验 2-3　2,4-二氯苯氧乙酸的合成 ·· 16
实验 2-4　杀虫剂甲氧氯的制备 ·· 18
实验 2-5　植物生长调节剂 3-吲哚乙酸的合成 ······························ 19

第3章　表面活性剂 ·· 22
3.1　表面活性剂及其分类 ·· 22
3.2　表面活性剂的应用 ·· 22
3.3　日用化学品及其应用 ·· 22
实验 3-1　十二烷基苯磺酸钠的制备 ·· 23
实验 3-2　N,N-二甲基十二烷胺的合成 ····································· 24
实验 3-3　十二烷基二甲基氧化胺的合成 ···································· 25
实验 3-4　拉开粉 Nekal BX 的合成 ··· 26
实验 3-5　十二烷基二甲基苄基氯化铵的制备 ······························ 27
实验 3-6　三乙基苄基氯化铵的制备 ·· 28
实验 3-7　硬脂酸单甘酯的合成 ·· 29

第4章　催化剂和助剂 ·· 31
实验 4-1　抗氧剂双酚 A 的合成 ·· 32
实验 4-2　邻苯二甲酸二丁酯的合成 ·· 33
实验 4-3　抗氧化剂 BHT 的制备 ··· 35
实验 4-4　2-甲基苯并咪唑的合成 ··· 36
实验 4-5　苯并三氮唑（BTA）的合成 ······································· 37
实验 4-6　邻苯二甲酸二异辛酯（DOP）的合成 ···························· 38
实验 4-7　四溴双酚 A 的合成 ··· 39
实验 4-8　聚丙烯酰胺絮凝剂的制备 ·· 41

实验 4-9　苯乙烯-马来酸酐共聚物的合成 ……………………………………………… 43
第 5 章　胶黏剂 …………………………………………………………………………… 44
　　5.1　胶黏剂及其分类 ……………………………………………………………………… 44
　　5.2　胶黏剂的应用 ………………………………………………………………………… 44
　　5.3　胶黏剂发展概况 ……………………………………………………………………… 44
　　实验 5-1　聚醋酸乙烯酯乳液的制备 ……………………………………………………… 45
　　实验 5-2　聚乙烯醇缩甲醛胶水的制备及性能 …………………………………………… 47
　　实验 5-3　苯丙乳液的制备 ………………………………………………………………… 48
　　实验 5-4　羧甲基淀粉醚（CMS）的合成 ………………………………………………… 49
　　实验 5-5　微胶囊的制备 …………………………………………………………………… 50
　　实验 5-6　一种乳液型纸塑复膜胶的制备 ………………………………………………… 52
第 6 章　涂料 ……………………………………………………………………………… 54
　　6.1　涂料及其分类 ………………………………………………………………………… 54
　　6.2　涂料的作用 …………………………………………………………………………… 54
　　6.3　涂料的发展概况 ……………………………………………………………………… 54
　　实验 6-1　聚乙烯醇-水玻璃内墙涂料 …………………………………………………… 55
　　实验 6-2　丙烯酸酯树脂的合成、清漆制备及性能检测 ………………………………… 56
　　实验 6-3　醋酸乙烯酯的乳液聚合 ………………………………………………………… 58
　　实验 6-4　纸张上光油配制及紫外光固化实验 …………………………………………… 59
　　实验 6-5　涂料固含量和性能的测定 ……………………………………………………… 60
第 7 章　香料 ……………………………………………………………………………… 61
　　实验 7-1　氯苄水解法制备苯甲醇 ………………………………………………………… 61
　　实验 7-2　姜油的提取 ……………………………………………………………………… 62
　　实验 7-3　香豆素的合成 …………………………………………………………………… 63
　　实验 7-4　香豆素-3-羧酸的制备 …………………………………………………………… 64
　　实验 7-5　4-甲基-7-羟基香豆素的合成 …………………………………………………… 65
　　实验 7-6　α-环柠檬醛的制备 ……………………………………………………………… 66
　　实验 7-7　环缩酮香料的合成 ……………………………………………………………… 67
第 8 章　食品和饲料添加剂 ……………………………………………………………… 69
　　8.1　食品和饲料添加剂及其分类 ………………………………………………………… 69
　　8.2　食品和饲料添加剂的发展方向 ……………………………………………………… 69
　　实验 8-1　食品防腐剂——丙酸钙的合成 ………………………………………………… 70
　　实验 8-2　对羟基苯甲酸正丁酯的合成 …………………………………………………… 71
　　实验 8-3　多功能食品添加剂 D-葡萄糖酸-δ-内酯 ……………………………………… 72
　　实验 8-4　食品防腐剂山梨酸钾的制备 …………………………………………………… 73
　　实验 8-5　富马酸二甲酯的合成 …………………………………………………………… 74
　　实验 8-6　食品添加剂香草醛的制备 ……………………………………………………… 74
　　实验 8-7　果胶的制备 ……………………………………………………………………… 76
第 9 章　日用化学品 ……………………………………………………………………… 78
　　实验 9-1　洗发水的制备 …………………………………………………………………… 78
　　实验 9-2　乙二醇硬脂酸酯类珠光剂的合成 ……………………………………………… 81

| 实验 9-3 | 沐浴露的制备 | 82 |

实验 9-3　沐浴露的制备 ·· 82
实验 9-4　护发素的配制 ·· 83
实验 9-5　雪花膏的配制 ·· 84
实验 9-6　洗洁精的配制 ·· 86
实验 9-7　通用液体洗衣剂 ·· 87
实验 9-8　肥皂的制造 ·· 90
实验 9-9　美容用品 ··· 91

第 10 章　染料与颜料 ·· 98

10.1　染料及其分类 ··· 98
10.2　颜料及其分类 ··· 100
实验 10-1　对乙酰氨基苯磺酰氯的制备 ·· 100
实验 10-2　从红辣椒中分离红色素 ··· 101
实验 10-3　化学发光物质——鲁米诺的合成 ·································· 103
实验 10-4　Ⅱ号橙染料的合成及染色 ·· 104
实验 10-5　2,4-二硝基苯酚的制备 ·· 106
实验 10-6　对氨基苯磺酸的合成 ·· 107
实验 10-7　活性艳红 X-3B 的制备 ··· 108
实验 10-8　大红粉颜料的制备 ·· 110

第 11 章　功能材料 ·· 112

实验 11-1　无氰碱性镀锌添加剂 DE 的合成 ·································· 112
实验 11-2　水解法制备二氧化钛超细粉 ·· 113
实验 11-3　高吸水性树脂的制备 ·· 116
实验 11-4　光致变色聚合物的制备 ··· 117
实验 11-5　甲基丙烯酸甲酯的本体聚合 ·· 119

第 12 章　医药中间体 ··· 121

实验 12-1　烟酸的制备 ·· 121
实验 12-2　2,4-二羟基苯乙酮的制备 ·· 122
实验 12-3　二苯丙酸的合成 ··· 123
实验 12-4　甲基硫氧嘧啶的合成 ·· 124
实验 12-5　水杨酸甲酯的合成 ·· 125
实验 12-6　磺胺醋酰钠的合成 ·· 127
实验 12-7　尿囊素的合成 ··· 128
实验 12-8　间氟甲苯的制备 ··· 130
实验 12-9　药物安妥明的制备 ·· 131
实验 12-10　从猫豆粉中提取抗震颤药左旋多巴 ···························· 133

参考文献 ·· 135

第1章 绪论

1.1 精细化工的定义

所谓精细化工产品（即精细化学品），是指具有特定的应用功能，技术密集，商品性强，产品附加值较高的化工产品。生产精细化学品的化工企业，通称精细化学工业，简称精细化工。

精细化学品这个名词，沿用已久，原指产量小、纯度高、价格高的化工产品，如医药、染料、涂料等。但是，这个含义还没有充分揭示精细化学品的本质。近年来各国专家对精细化学品的定义有了一些新的见解，欧美国家把产量小、按不同化学结构进行生产和销售的化学物质，称为精细化学品（fine chemicals）；把产量小、经过加工配制、具有专门功能或最终使用性能的产品，称为专用化学品（speciality chemicals）。中国、日本等则把这两类产品统称为精细化学品。

1.2 精细化学品的分类

精细化学品包括以下 11 类：农药，染料，涂料（包括油漆和油墨），颜料，试剂和高纯物质，信息用化学品（包括感光材料、磁性材料等能接受电磁波的化学品），食品和饲料添加剂，胶黏剂，催化剂和各种助剂，（化工系统生产的）化学药品（原料药）和日用化学品，高分子聚合物中的功能高分子材料（包括功能膜、偏光材料等）。

其中催化剂和各种助剂又包括下列品种：

① 催化剂。炼油用催化剂、石油化工用催化剂、化学工业用催化剂、环保用（如尾气处理用）催化剂及其他用途的催化剂。

② 印染助剂。净洗剂、分散剂、匀染剂、柔软剂、固色剂、抗静电剂、各种涂料印花助剂、荧光增白剂、渗透剂、消泡剂、助溶剂、纤维用阻燃剂、防水剂等。

③ 塑料助剂。增塑剂、稳定剂、紫外线吸收剂、发泡剂、润滑剂、偶联剂、塑料用阻燃剂等。

④ 橡胶助剂。硫化剂、硫促进剂、防老剂、塑解剂、再生活化剂等。

⑤ 水处理剂。絮凝剂、缓蚀剂、阻垢分散剂、杀菌灭藻剂等。

⑥ 纤维抽丝用油剂。涤纶长丝用油剂、涤纶短丝用油剂、锦纶用油剂、腈纶用油剂、维纶用油剂、丙纶用油剂、玻璃丝用油剂。

⑦ 有机抽提剂。脂肪烃系列、吡啶烷酮系列、乙腈系列、糖醛系列等。

⑧ 高分子聚合添加剂。引发剂、终止剂、阻聚剂、调节剂、活化剂。

⑨ 表面活性剂。除家用洗涤剂以外的阳离子型、阴离子型、非离子型和两性型表面活性剂。

⑩ 皮革助剂。合成鞣剂、涂饰剂、加脂剂、光亮剂、软皮油等。

⑪ 农药用助剂。乳化剂、增效剂、稳定剂等。
⑫ 油田用化学品。泥浆用化学品、油田用破乳剂、水处理用化学品、降凝剂等。
⑬ 混凝土添加剂。减水剂、速凝剂、防水剂、缓凝剂、引气剂、泡沫剂等。
⑭ 机械、冶金用助剂。防锈剂、清洗剂、电镀用助剂、焊接用助剂、渗碳剂、渗氮剂、汽车等车辆防冻剂。
⑮ 油品添加剂。分散清净添加剂、抗磨添加剂、抗氧化添加剂、抗腐蚀添加剂、抗静电添加剂、黏度调节添加剂、降凝剂、抗暴震添加剂、液压传动添加剂、变压器油添加剂等。
⑯ 炭黑。高耐磨、半补强、色素等各种功能炭黑。
⑰ 吸附剂。稀土分子筛系列、氧化铝系列、天然沸石系列、活性白土系列。
⑱ 电子工业专用化学品（不包括光刻胶、掺杂物、MOS试剂等高纯物和特种气体）。显像管用碳酸钾、氟化物、助焊剂、石墨乳等。
⑲ 纸张用添加剂。施胶剂、增强剂、助滤剂、防水剂、涂布剂等。
⑳ 其他助剂。

以上是原化工部辖下企业的精细化工产品门类，除此之外，轻工、医药等系统还生产一些其他精细化学品，如医药、化妆品、民用洗涤剂、单离香料和调和香料、精细陶瓷、生命科学用材料、炸药和军用化学品、范围更广的电子工业用化学品和功能高分子材料等。随着科学技术的迅猛发展，不久的将来还会形成一些新兴的精细化学品门类。

1.3　精细化工的特点

批量小、品种多、特定功能和专用性质构成了精细化学品的量与质的两个基本特性。精细化学品的生产过程，不同于一般的化学品，主要由化学合成、剂型（制剂）、商品化（标准化）三部分组成。在每一个生产过程中又派生出各种化学的、物理的、生物的、技术的、经济的要求和考虑，这就导致精细化工必然是高技术密集度的产业。精细化学品的综合生产主要表现在以下几个方面。

1.3.1　多品种、小批量

从精细化工的范畴和分类中，可以看出精细化学品必然具有多品种的特点。一方面，精细化学品的应用面窄、专用性强，特别是专用性品种和特质配方的产品，往往是一种类型的产品可以有多种牌号。另一方面，同一化学组成的产品通过不同的功能化处理赋予的各种特性，使其具有明显的专用性，逐渐形成产品的多规格、系列化，更使产品品种与日俱增。如活性碳酸钙是轻质、重质碳酸钙经活化剂表面处理后的产物。在处理过程中，可应用的表面活性剂有十几种，经处理后形成的系列化产品，分别专用于橡胶、造纸、塑料、涂料、油墨等行业，形成数量众多的钙盐系列化产品。且产品的更新速度快，用量又不是很大，必然导致精细化学品具有多品种、小批量的特点，这就要求生产厂家要不断开发新品种、新剂型，提高开发新品种的创新能力和在国际上的竞争能力。因此，多品种不仅是化工生产的一个特征，也是评价精细化工综合水平的一个重要标志。例如表面活性剂，国外有5000多个品种，仅日本三洋化成工业公司一家就生产1500多种，且以每年增加100个新品种的速度增长。

1.3.2 综合生产流程和多功能生产装置

精细化工产品的小批量、多品种特点，决定了精细化工产品的生产通常以间歇式反应为主，采用批次生产。反应在生产上表现为经常更换和更新品种。企业为了增强其随市场需求调整生产能力和品种的灵活性，必须摒弃单一产品、单一流程、单用装置的落后生产方式，广泛采用多品种综合生产流程和多功能生产装置。也就是说，一套流程装置可以经常改变产品的品种和牌号，有相当大的适应性。这样就可以充分利用现有设备和装置，大大提高经济效益。但同时对生产管理和工作人员的素质，也提出了更高更严格的要求。

1.3.3 高技术密集度

一种精细化学品的研究开发，要从市场调查、产品合成、应用研究、市场开发、技术服务等方面来全面考虑和实施，解决一系列的技术问题，涉及多方面的技术、知识、经验和手段。另外，精细化工产品更新换代快、市场寿命短、技术专利性强，而新产品技术开发的成功率低、时间长、费用高，其结果必然是造成高度的技术垄断。

技术密集还表现在生产过程中的工艺流程长、单元反应多、原料复杂、中间过程控制要求严等各个方面。如制药工业中，除采用合成原料外，还要采用天然原料，或用生化方法得到的半人工合成中间体。在分离过程中，还要用到异构体分离技术以及旋光异构体的分离技术等。由于反应步骤多，对反应的终点控制和产品提纯就成为精细化学品合成工艺的关键技术之一。为此，在生产上引入大量近代仪器测试手段和方法，如气相色谱（GC）以及高效液相色谱（HPLC）等。一般认为，化学工业是高技术密集的工业，而精细化工又是化学工业中技术密集度更高的门类。

1.3.4 大量采用复配技术

精细化学品由于其应用对象的特殊性，很难采用单一化合物来满足要求，常采用复配技术，即把不同种类的某些组分，采用特定的工艺手段进行配比，以满足某种特性的需要，于是配方的研究则成为决定性的因素。如表面活性剂，国外研究工作的重点，不是开发新品种，而是进行已有品种的配方更新、改进使用性能、扩大应用范围，积极研究多功能配方，配制有综合性能的产品，不断扩大应用领域，利用计算机程序选择最佳价格和综合性能的配方。例如，涂料的配方中，除了以胶黏剂为主以外，还需要配以颜料、填料和其他助剂，如增塑剂、固化剂、抗静电剂、阻燃剂等。采用复配技术的产品，具有增效、改性和扩大应用范围等功能，其性能往往超过结构单一的产品。因此，掌握复配技术是使精细化工产品具备市场竞争力的一个极为重要的方面。

1.3.5 具有特定功能

具有特定功能，是指化学品通过物理、化学以及生物作用产生某种功能或效果。若仅以"功能"来全面概括并准确反映出精细化学品的物理性能、化学作用和生物活性等宏观表征是很难的。因为任何一种化学物质，它的物理性能、化学作用和生物活性，并不完全反映为功能。这三个主要表征如下所述。

① 物理性能指精细化学品自身所具有的物理性质和能力，如耐高温、高强度、超硬等。有的也可能同时伴有化学作用。表现为某种特定的物理效应，如压电、热电、激光等。

② 特定的化学作用指在一定的环境或条件下，此种化学品增加或赋予其物质以某种特定的影响或变化，如脱污、去杂、染色、阻燃等。有的时候可能伴有物理作用。

③ 特定的生物活性指精细化学品自身以其活性基团的构象，增进或赋予生物体某一特定的生息能力（如新陈代谢、生长能力、抵抗能力等），如促进新陈代谢的酶制剂。

对精细化学品而言，其特定的功能完全依赖于应用对象的要求，如同样的化妆品，有的适用于油性皮肤，有的适用于干性皮肤，还有的适用于中性皮肤。如果不按照其要求进行使用，则达不到最佳的功能或效果，而这些要求随着社会生产水品及生活水平的不断提高，处在不断的变化中。

1.3.6 商品性强，竞争激烈

精细化工产品，一方面，由于品种多，同一类商品又往往有多种牌号，用户对商品有很大的选择自由度，商品间竞争激烈；另一方面，由于利润高，往往吸引多家企业争相组织生产，容易造成市场饱和，形成企业之间的激烈竞争。为此，精细化学品的生产单位在技术开发的同时，应积极开发应用技术和开展技术服务工作，及时改进产品生产和研发技术，研制新剂型、新品种，不断更新换代，使其产品保持畅销，方能立于不败之地。

1.3.7 投资小、附加价值高、利润高

附加价值是指在产品的产值中扣去原材料、税金、设备和厂房的折旧费后，剩余部分的价值。这部分价值是指产品从原材料开始经加工到制成产品的过程中，实际增加的价值，它包括利润、工人劳动、动力消耗以及技术开发等费用，所以称为附加价值。附加价值不等于利润，因为某种产品加工深度大，则工人劳动及动力消耗也大，技术开发的费用也会增加。

精细化学品一般产量小、装置规模小，很多是采用间歇式生产，装置通用性强，与连续化生产的大装置相比，投资小，见效快，投资效率高［投资效率（％）＝附加价值/固定资产×100％］。另外，在配制新品种、新剂型时，技术上难度并不一定很大，但新品的销售价却大大超过原品种，利润空间也比较大。

1.4 精细化工发展现状和趋势

1.4.1 国外精细化工发展现状

精细化工生产所用的原料同有机合成所用的原料一样，主要以煤、石油、天然气和农副产品为主。世界精细化学工业最发达的国家有美国、德国和日本，其代表了当今世界精细化工的发展水平。比较大的化工公司有巴斯夫、陶氏化学、杜邦、三菱化学、道达尔、拜耳等。

1.4.2 国内精细化工发展现状

中国精细化工行业呈现出不平衡的发展态势。农药、染料、颜料的市场供应和消费发展趋于成熟，产品的出口依存度较高，在国际贸易环境复杂的情况下，面临着"走出去"的趋势。涂料的主要消费市场是国内，但面临绿色、健康和环保升级需求。医药行业中的生物医药是当前的研发热点。随着人们对美好生活的需求，食品添加剂和饲料添加剂正处于发展期。专用化学品是具有高技术含量和高附加值的行业，正处于发展时期。

当前，石化产业的高质量发展需要深化供给侧结构性改革，重点应在产业结构和产品结构调整与优化，产品的高端化、差异化，还应继续把精细化工作为石化产业高质量发展的重点领域和重要方向；而精细化工行业作为石化行业重要的细分领域，行业正处于由初、中级

阶段向精细化工过渡时期，传统大宗通用级产品占比将逐渐下降，发展高技术高质量的产品是行业的重要发展方向。

1.5 精细化工实验基础知识

1.5.1 实验室守则

为了保证实验的顺利进行，培养严谨的科学态度和良好的实验习惯，创造一个高效能和清洁的实验环境，在精细化工实验室进行实验和科学研究，必须遵守以下实验室规则。

① 实验前，必须做好预习报告，明确实验目的，熟悉实验原理和实验步骤。

② 实验操作开始前，首先检查仪器种类与数量是否与需要相符，仪器是否有缺口、裂缝或破损等，再检查仪器是否干净（或干燥），确定仪器完好、干净再使用，仪器装置安装完毕，要请教师检查合格后，方能开始实验。

③ 实验操作中，要仔细观察现象，积极思考问题，严格遵守操作规程，实事求是地做好实验记录，要严格遵守安全守则与每个实验的安全注意事项，一旦发生意外事故，应立即报告教师，采取有效措施，迅速排除事故及隐患。

④ 实验室内应保持安静，不得谈笑、打闹和擅自离开岗位，不得将书报、体育用品等与实验无关的物品带入实验室，严禁在实验室吸烟、饮食。

⑤ 服从指导，有事要先请假，不经教师同意，不得离开实验室。

⑥ 要始终做到台面、地面、水槽、仪器的"四净"，火柴梗、滤纸等废物应放入指定废物缸中，不得丢入水槽或扔在地上。废酸、酸性反应残液应倒入指定的废酸缸中，严禁倒入水槽。实验完毕，应及时将仪器洗净，并放回指定位置。

⑦ 要爱护公物，节约药品，养成良好的实验习惯。要节约使用水、电、煤气及消耗性药品。要严格按照规定称量或量取药品，使用药品不得乱拿乱放，药品用完后，应盖好瓶盖放回原处；公用设备和材料使用后，应及时放回原处；对于特殊设备，应在指导教师示范后方可使用。

⑧ 学生轮流值日，打扫、整理实验室。值日生应负责打扫卫生，整理公共器材，并检查水、电、煤气、窗是否关闭。

⑨ 实验完毕，及时整理实验记录，写出完整的实验报告，按时交教师审阅。

1.5.2 实验室的安全与环保

安全第一、预防为主，这是安全工作的一贯方针。精细化工实验的主要特点之一在于实验的安全与环保问题必须得到足够的重视，以确保实验是安全的，符合环保要求。为此，精细化工实验必须遵守实验室安全守则及实验室环保守则。

(1) 安全守则

① 进入实验室应穿实验服或工作服，严禁赤脚或穿露出脚部皮肤的鞋子（如凉鞋或拖鞋）进入实验室。在进行有毒、有刺激性、有腐蚀性的实验时，必须戴上防护眼镜、口罩、耐酸手套或面罩。

② 绝对禁止在实验室内吸烟，严禁把明火带入实验室。

③ 进入实验室首先要熟悉实验室的水阀门、电源总开关、灭火器、沙箱或其他消防器材的位置。

④ 当有化学药品溅入眼睛时，立即用自来水冲洗；当被酸、碱或化学药品灼伤，立即用大量的冷水冲洗受伤部位（如果是浓 H_2SO_4，最好先用干布轻轻擦去）；如果是强酸灼伤，应先用大量冷水冲洗，再用5％碳酸氢钠溶液淋洗灼伤处；若是强碱灼伤，则先用大量冷水冲洗，然后用5％的醋酸溶液洗涤，并及时去医院治疗。

⑤ 被火焰、蒸汽、红热的玻璃或铁器等烫伤，立即将伤处用大量的水冲淋或浸泡，以迅速降温，避免深部烧伤。若起水泡，不宜挑破。对轻微烫伤，可在伤处涂烫伤油膏或万花油。严重烫伤宜送医院治疗。

⑥ 开启装有腐蚀性物质（如硫酸、硝酸等）的瓶塞时，不能面对瓶口，以免液体溅出或腐蚀性烟雾飘出造成伤害，也不能用力过猛或敲打，以免瓶子破裂；在搬运盛有浓酸的容器时，严禁用一只手握住细瓶颈搬动，防止细颈处折断；在取用有毒和易挥发性药品时（如硝酸、盐酸、二氯甲烷、苯等），应在通风良好的通风橱内进行，以免中毒。有中毒症状者，应立即到室外通风处。

⑦ 取用易燃易爆物品时（如汽油、乙醚、丙酮等），周围绝不能有明火，并应在通风橱内进行，避免易燃物蒸气浓度增大时，发生爆炸、燃烧事故。

⑧ 使用电器时，应防止人体与电器导电部分直接接触，不能用湿手或手握湿物接触电源插头。为了防止触电，装置和设备的金属外壳等都应接地线。实验后应切断电源，拔下插头。

⑨ 实验中所用药品不得随意散失、遗弃，以免污染环境，影响身体健康。实验结束后要仔细洗手，严禁在实验室内饮食等。

⑩ 了解灭火器种类、用途及位置，学会正确使用。一旦发生火灾，不要惊慌失措，应立即采取相应措施。首先要立即切断电源，熄灭附近所有的火源，并移开附近的易燃物。少量溶剂（几毫升）着火，可任其烧完。反应容器内着火，小火可用湿布或黄沙盖住瓶口灭火，大火应根据具体情况选用适当的灭火器材。

四氯化碳灭火器：用以扑灭电器内或电器附近火灾，但不能在狭小和不通风的实验室中应用，因四氯化碳在高温时生成剧毒的光气，此外四氯化碳和金属钠接触也会发生爆炸。

二氧化碳灭火器：是实验室中最常用的一种灭火器，其钢筒内装有压缩的液态二氧化碳，使用时打开开关，二氧化碳气体即会喷出，用以扑灭有机物及电器设备的着火。使用时一手提灭火器，一手应握在喷二氧化碳喇叭筒的把手上，因喷出的二氧化碳压力骤然降低；温度也骤降，手若握在喇叭筒上易被冻伤。

泡沫灭火器：内部分别装有含发泡剂的碳酸氢钠溶液和硫酸铝溶液，使用时将其简单倒转，两种溶液即反应生成硫酸氢钠、氢氧化铝及大量二氧化碳泡沫喷出。除非大火，否则通常不用泡沫灭火器，因后处理比较麻烦。

无论使用何种灭火器，皆应从火的四周开始向中心扑灭。油浴和有机溶剂着火时绝对不能用水浇，否则会使火焰蔓延开来。若衣服着火，切勿奔跑，用厚外衣包裹隔绝空气使之熄灭。较严重者应躺在地上（以免火焰烧向头部）用防火毯紧紧包住，直至熄灭，或打开附近的自来水开关用水冲淋熄灭。烧伤严重者应立即送医院治疗。

(2) 环保守则

国家环保总局《关于加强实验室类污染环境监管的通知》（环办［2004］15号）规定，科研、监测（检测）、试验等单位实验室、化验室、试验场将按照污染源进行管理，实验室、试验场、化验室的污染将纳入环境监管范围。实验室排放的废液、废气、废渣等虽然数量不大，但不经过必要的处理直接排放，会对环境和人身造成危害，也不利于养成良好的习惯。因此在实验室必须遵守实验室环保守则。

① 爱护环境、保护环境、节约资源、减少废物产生，努力创造良好的实验环境，不对实验室外的环境造成污染。

② 实验室所有药品、中间产品、集中收集的废物等，必须贴上标签，注明名称，防止误用和因情况不明而处理不当造成环境污染事故。

③ 废液必须集中处理，应根据废液种类及性质的不同分别收集在废液桶内，并贴上标签，以便处理。严格控制向下水道排放各类污染物，向下水道排放废水必须符合排放标准，严禁把易燃、易爆和容易产生有毒气体的物质倒入下水道。

④ 严格控制废气的排放，必要时要对废气进行吸收处理。处理有毒性、挥发性或带刺激性物质时，必须在通风橱内进行，防止散逸到室内，但排到室外的气体必须符合排放标准。

⑤ 严禁乱扔固体废弃物，要将其分类收集，分别处理。

⑥ 接触过有毒物质的器皿、滤纸、容器等要分类收集后集中处理。

⑦ 控制噪声，积极采取隔声、减声和消声措施，使其环境噪声符合国家规定的《城市区域环境噪声标准》，实验室噪声应小于 70 dB。

⑧ 一旦发生环境污染事件，应及时处理及上报。

1.5.3　实验室事故处理办法

在实验中，一旦发生了意外，不要着急，要沉着冷静处理，发挥实验室的医药柜或医药箱在紧急情况下的作用。为此，实验室医药箱应备有下列急救药品和器具：医用酒精、碘酒、红药水、创可贴、止血粉、烫伤油膏（或万花油）、1%硼酸或2%醋酸溶液、5%碳酸氢钠溶液、20%硫代硫酸钠溶液、70%酒精、3%双氧水、食盐等，医用镊子、剪刀、纱布、药棉、棉签和绷带等。下面介绍几种实验室内事故发生时的急救处理方法。

(1) 眼睛的急救

实验室中一般应配有喷水洗眼器，如果没有洗眼器，至少应设一只配有一段软管的洗涤槽，学生应记住洗眼器或洗涤槽的位置。一旦化学试剂溅入眼内，立即用缓慢的流水彻底冲洗。洗涤后把伤者送往眼科医院治疗。玻璃屑进入眼睛，绝不要用手揉搓，尽量不要转动眼球，可用流泪的方式将其冲出眼眶。也不要试图让别人取出碎屑，应用纱布轻轻包住伤者眼睛，再送往医院处理。

(2) 烧伤的急救

烧伤的急救方法因烧伤原因不同而不同。如系化学烧伤，则必须用大量的水充分冲洗患处。如系有机化合物灼伤，则用乙醇擦去有机物是特别有效的。溴的灼伤要用乙醇擦至患处不再有黄色为止，然后再涂上甘油以保持皮肤滋润。酸灼伤，先用大量水冲洗，以免深部受伤，再用5% $NaHCO_3$ 溶液或稀氨水浸洗，最后用水冲洗。碱灼伤，先用大量水冲洗，再用1%硼酸或2%醋酸溶液浸洗，最后再用水冲洗。

明火烧伤，要立即离开着火处，迅速用冷水冷却。轻度的火烧伤，用冰水冲洗是一种极有效的急救方法。如果皮肤并未破裂，可再涂擦治疗烧伤用药物，使患处及早恢复。当大面积的皮肤表面受到伤害时，可以用湿毛巾冷敷，然后用洁净纱布覆盖伤处防止感染，之后立即送医院处理。

如果着火，要及时灭火，万一衣服着火，切勿奔跑，要有目的地走向最近的灭火毯或灭火喷淋器。用灭火毯把身体包住，火会很快熄灭。

(3) 割伤的急救

不正确地处理玻璃管、玻璃棒可能引起割伤。若小规模割伤，则先将伤口处的碎玻璃片取出，用水洗净伤口，挤出一点血后，再消毒、包扎；也可在洗净的伤口，贴上"创可贴"，立即止血且易愈合。若严重割伤，出血多时，必须立即用手指压住或把相应动脉扎住，使血尽快止住，包上止血带，而不能用脱脂棉。若止血带被血浸透，不要换掉，再盖上一块施压，并立即送医院治疗。

(4) 烫伤的急救

被火焰、蒸汽、红热的玻璃或铁器等烫伤，立即将伤处用大量的水冲淋或浸泡，以迅速降温，避免深部烧伤。若起水泡，不宜挑破。对轻微烫伤，可在伤处涂烫伤油膏或万花油。严重烫伤宜送医院治疗。

(5) 中毒的急救

若在实验中感到咽喉灼痛、嘴唇脱色或发绀、胃部痉挛或恶心呕吐、心悸、头晕等症状时，可能是中毒所致。因口服引起中毒时，可饮温热的食盐水（1杯水中溶解3～4小勺食盐），把手指或压舌板按压舌根进行催吐。当中毒者失去知觉或因溶剂、酸、碱及重金属盐溶液引起中毒时，不要进行催吐。误食碱者，先饮大量水再喝些牛奶；误食酸者，先喝水，再服 $Mg(OH)_2$ 乳剂，再饮些牛奶，不要用催吐剂，也不要服用碳酸盐或碳酸氢盐；重金属盐中毒者，喝一杯含有几克 $MgSO_4$ 的水溶液，立即就医，也不得用催吐剂。

因吸入引起中毒时，要把病人立即抬到空气新鲜的地方，让其安静地躺着休息。

(6) 腐蚀的急救

当身体被腐蚀时，应立即用大量的水冲洗。被碱腐蚀时，用2%的醋酸水溶液洗；被酸腐蚀时，用5%的碳酸氢钠水溶液洗。另外，应及时脱下被化学药品玷污的衣服。

1.6 精细化工实验方案的确定

精细化工实验分为验证性实验和设计性实验。前者的主要任务是验证和运用理论知识，同时训练基本实验技能；后者的主要任务是运用所掌握的知识与技能，并创造性地开展实验工作。设计性实验的关键是确定实验方案，确定实验方案的原则是经济、合理、可行、安全、环保。确定实验方案的内容包括原料及工艺路线的选择、实验装置与流程选择、实验方案的设计等。

1.6.1 原料与工艺路线选择

一个产品的生产可以选用不同的原料，也可以采用不同的工艺路线，原料及工艺路线的选择是确定实验方案的开始，是基础而重要的工作，它不但影响产品的经济性，而且影响实验结果甚至决定实验的成败。

通常，价格低、来源广、无毒无害、无污染的物质是原料选择中优先考虑的对象。而路线短、反应条件温和、分离容易、副反应少、产品收率高、环境污染少的工艺路线是工艺路线选择中优先考虑的对象。在实验室中，应尽量避免高温、高压、高真空及需要特殊安全防护措施的工艺方案。

1.6.2 实验方案设计

实验方案设计是指通过有效的组织，确定用较少实验步骤得到较好的实验结果，以节省时间、人力和物力。实验方案设计不涉及实验的具体操作步骤，主要是合理安排实验次数和各因素在不同实验中的水平。不同类型的实验，实验方案设计的重点可以不同。验证性实验侧重对工艺路线或实验方法的比较与选择，设计性实验侧重实验的组织。在化工产品的开发和精细化工实验中，实验方案设计应用最多的是正交试验设计法。

1.6.3　实验装置与流程选择

实验装置与流程的选择是以原料与工艺路线选择为基础。实验装置与流程的选择应遵循科学性、实用性、经济性、安全性、环保性、先进性和预见性的原则，做到因地制宜。所选装置应该便于操作、易于调节控制，能使用简单装置就不用复杂的装置。在先进性方面，应作总体上权衡，不能脱离实验目标而片面追求装置的先进性。

1.6.4　实验方案实施

实验方案实施是实验全过程的核心步骤。实验方案设计得再好，如果操作技术不好或经验不足，可能仍然得不到好的实验结果。实验操作中，学生必须按照实验方案要求的步骤，科学、规范、大胆而细心地操作，注意观察实验现象、重视记录实验数据、分析处理实验中可能遇到的问题。实验操作中，要求尊重事实、尊重实验结果。

1.6.5　评估实验结果

(1) 实验误差

实验操作中，需对多种现象进行测量和研究。由于实验方法和实验设备的不完善、周围环境的影响和操作者认识能力的限制，测量值与真值之间，不可避免地存在着差异。这种差异在数值上表现为误差。误差一般分为绝对误差、相对误差，其来源主要有以下四个方面。

① 仪器装置误差　仪器装置误差包括标准量具产生的误差和仪器仪表产生的误差。标准量具产生的误差，如标准砝码、标准电池、移液管、容量瓶等的量值本身隐含误差。仪器仪表产生的误差，如天平、压力表、真空表、温度计等仪器仪表在指示或显示时会产生误差。

② 环境误差　测量时环境状态与规定状态不一致引起测量装置和被测物本身的变化，所造成的误差称为环境误差。

温度、湿度、气压、电磁强度、照明强度、振动场强度等环境因素的变化都可能引起环境误差。例如，用玻璃温度计测量同一个反应温度时，在冬天测量和在夏天测量就存在差别，原因是温度计裸露在空气（环境）中的部分被冷却或加热程度不同，导致裸露在空气中的水银柱热胀冷缩程度不同。

③ 方法误差　由于测量的方法不完善而造成的误差。例如在容量分析中，如果被滴定的溶液中含有沉淀，由于沉淀对溶剂产生吸附作用，当滴定达到等当点附近，溶液一有变色又会马上消失，使得终点现象不明显，于是继续滴定就很容易造成过量。而如果在滴定前将沉淀物过滤除去，那么终点现象明显，分析结果就会更加准确。

④ 人员误差　由于测量的操作者受分辨能力的限制、或因工作疲劳引起视觉器官的生理变化、或因固有习惯引起的读数误差，以及思想上一时疏忽等所引起的读数误差。例如，读滴定管的刻度或旋光仪的刻度，每个人的读数都可能不完全一样，这是由于个人的眼睛分辨力存在差异。又如，做实验时稍有走神，可能会记错时间、看错读数等。

以上四种误差的来源，按误差的特点和性质又可重新划分为系统误差、随机误差和疏忽误差。必须注意的是，各类误差之间在一定条件下可以相互转化。

(2) 有效数字

① 有效数字的概念　确定实验数据有效位数的正确方法是所取位数除了最末一位数字为测量时的可疑数或估计数外，其余各位数字都是准确可靠的。通常，最末一位可疑数字上下可有一个单位的误差。这样的数字称有效数字。在测量过程中，测量数据的有效数字位数应与所用仪器的精度相一致。

② 有效数字舍入规则　当有效位数确定以后，其后面多余的数字应予以舍去。有效数字最后一位应按"四舍六入五留双"进行处理。当尾数<4时舍去；当尾数>6时进位；当尾数为5时，则看保留下来的末位数是奇数还是偶数，是奇数时将5进位；是偶数时将5舍弃。

③ 有效数字运算规则　加减法运算时，各运算数据以小数位数最少的数据为准，其余各数据可多取一位小数，但最后结果应与小数位数最少的数据位数相同。乘法和除法的运算时，各运算数据以有效位数最少的数据为准，其余各数据要比有效位数最少的数据多取一位数字，而最后结果应与有效位数最少的数据位数相同。比如：$12.82 \times 0.045 = 0.5769 \approx 0.58$。再如：$(0.07878 \times 10.00) \div 18.08 = 0.04357 \approx 0.04$。

(3) 数据的表示

实验数据是实验的信息与结果的记录，要准确、简明、形象地表示出来，通常有三种方法，即列表、作图和经验公式。

① 列表法　列表法的优点是简易紧凑，便于比较。实验数据列表时，应注意以下几个方面：表的名称与项目要简明，必要时可在表格下方加附注，以说明数据来源；编列的表号应写在表格之前；表中的项目应包括名称及单位，可采用符号表示；表中主项代表自变量，副项代表因变量。

数字的写法要求整齐、统一、正确。同一列的数字，小数点要上下对齐。要注意有效数字位数。如有效数为小数点后两位，而数字为零，则应写为0.00。

② 作图表示法　作图法的优点是简明、直观，易于理解。作图坐标一般有直角坐标、单对数坐标、双对数坐标、立体坐标、极坐标等。最常用的是直角坐标和对数坐标。

以直角坐标作图时，通常以横轴（X轴）代表自变量，纵轴（Y轴）代表因变量。分度一般采用1、2、4或5最方便，避免使用3、6、7等。坐标分度的起点不一定为零，以使图形占满整个坐标纸。一般坐标纸的最小分格相应于实验数据的精确度。

③ 经验公式表示法　作图表示的数据曲线可进一步用一个方程式（经验公式）来模拟。首先根据解析几何原理和经验，推断经验公式的类型，如直线型、二次型、指数型、对数型。然后对经验公式中常数进行求解。求解的方法有图解法、选点法、平均法、最小二乘法等多种。图解法适用于直线型经验公式的求解；最小二乘法用于二次型经验公式的求解。

1.6.6　实验评估指标

实验评估是实验中不可缺少的一个环节。实验评估中经常用到如下评估指标。

(1) 转化率

转化率指在化学反应体系中，参加反应的某种原料量占通入反应体系中该原料总量的百分数。转化率数值的大小反映该种原料在反应过程中的转化程度。对有循环物料的反应过程，根据考查体系的不同，转化率又分为单程转化率和总转化率。单程转化率是以反应器为研究对象,其值等于参加反应的反应物量占通入反应器的反应物总量的百分数。总转化率则以包括反应器和分离器的全循环体系为研究对象,其值等于参加反应的反应物量占通入循环体系的新鲜反应物量的百分数,即:

$$总转化率 = 参加反应的反应物量/进入循环体系新鲜反应物量 \times 100\%$$

从经济观点看,总希望提高单程转化率,但单程转化率提高后,往往使得反应过程的不利因素相应增多,如副反应比例增加,反应停留时间过长等。因此,合适的转化率要根据反应自身的特点及实际经验综合确定。

(2) 产率和收率

产率是指某一特定产物的实际产量占理论产量的百分数。由于反应物通常有多种,计算产率时常按限制反应物参加反应的总量计算该产物理论产量。产率包括目标产物的产率和副产物的产率。

收率是指某一特定产物的实际产量占限制反应物加入量的百分数;物理过程(如分离、精制等)的收率是指得到目标产品的质量占加入原料质量的百分数。

转化率、产率和收率之间的关系为:

$$收率 = 转化率 \times 产率$$

(3) 产品质量

产品质量包括产品外观、纯度、杂质含量等。它是工艺实验效果的具体体现。

(4) 原料消耗

原料消耗是成本核算的主要依据之一。它是指得到单位质量的产品所消耗的原、辅材料的量,又分为理论原料消耗和实际原料消耗。理论消耗以化学反应式为基础计算所得到的原材料的消耗量,用 $A_{理}$ 表示;实际消耗是在实际操作中,原辅材料的真实消耗量,用 $A_{实}$ 表示。由于副反应的存在以及多个环节中的原料损失致使原料的实际消耗要大于理论消耗。通常把两者的差别用原料的利用率表示:

$$原料利用率 = 1 - 原料损失率 = A_{理}/A_{实} \times 100\%$$

实验中,为了提高原料利用率,一方面要对工艺条件、设备装置等进行优化改进;另一方面要加强经济意识,谨慎操作,减少浪费。

(5) 技术与经济评价

技术和经济是相辅相成、密不可分的两个方面。只有在技术可靠、经济合理的前提下,新技术才有应用价值,产品才有市场竞争力。在实验中,反应物转化率、产品收率、产品质量等指标,仅体现了该项目的技术状况。对实验进行技术经济评估,还要考虑原料成本、设备费用、动力成本、附加值等经济指标。在实验研究阶段,由于原料消耗能够较准确地计算出来,因此产品成本是可以作粗略估算的,这样对附加值就能做到心中有数。

(6) 安全与环保评价

安全生产与保护环境是对化工生产的基本要求。在实验中,有时会涉及有毒有害、易燃易爆的物质,这时应采取必要的安全和环保措施来消除其危害。在实验研究阶段,应该充分考虑安全与环保措施。

1.6.7 撰写实验报告

实验报告是在实验结束后对实验过程的情况总结、归纳和整理,是对实验现象和结果进行的分析和讨论,是将感性认识提高到理性认识的必要步骤,是完成整个实验的一个重要组成部分，必须认真对待。实验报告的内容包括以下几个部分：①实验目的和要求；②实验原理，主、副反应方程式；③主要试剂及主、副产物的物理常数；④主要试剂用量及规格；⑤仪器装置（示意图）；⑥实验步骤及现象；⑦粗产品纯化过程及原理；⑧产率计算；⑨实验讨论；⑩思考题解答。实验报告要求真实可靠，数据完整，文字简练，条理清晰，书写工整。反应现象应给予讨论，对操作的经验教训和实验中存在的问题要提出改进建议。

第 2 章 农药

2.1 农药的定义

农药的广义定义是指用于预防、消灭或者控制危害农业、林业的病、虫、草和其他有害生物以及有目的地调节、控制、影响植物和有害生物代谢、生长、发育、繁殖过程的化学合成或者来源于生物、其他天然产物及应用生物技术产生的一种物质或者几种物质的混合物及其制剂。狭义上是指在农业生产中，为保障、促进植物和农作物的成长，所施用的杀虫、杀菌、杀灭有害动物（或杂草）的一类药物的统称。本章特指在农业上用于防治病虫以及调节植物生长、除草等药剂。

2.2 农药的分类

农药是指农业上用于防治病虫害及调节植物生长的化学药剂，广泛用于农林牧业生产、环境和家庭卫生除害防疫、工业品防霉与防蛀等。农药品种很多，按用途主要可分为杀虫剂、杀螨剂、杀鼠剂、杀线虫剂、杀软体动物剂、杀菌剂、除草剂、植物生长调节剂等；按原料来源可分为矿物源农药（无机农药）、生物源农药（天然有机物、微生物、抗生素等）及化学合成农药；按化学结构分，主要有有机氯、有机氮、有机磷、有机硫、氨基甲酸酯、拟除虫菊酯、酰胺类化合物、脲类化合物、醚类化合物、酚类化合物、苯氧羧酸类、脒类、三唑类、杂环类、苯甲酸类、有机金属化合物类等，它们都是有机合成农药。根据加工剂型可分为粉剂、可湿性粉剂、乳剂、乳油、乳膏、熏蒸剂、糊剂、胶体剂、熏烟剂、烟雾剂、颗粒剂、微粒剂及油剂等。

2.3 农药的应用

① 杀虫剂的应用　用来防治各种害虫的药剂，有的还可兼有杀螨作用，如敌敌畏、甲胺磷、乐果、杀灭菊酯、杀虫脒等农药。它们主要通过触杀、胃毒、熏蒸和内吸四种方式起到杀死害虫作用。

② 杀螨剂的应用　专门防治螨类（即红蜘蛛）的药剂，如三氯杀螨醇、三氯杀螨砜和克螨特农药。杀螨剂具有一定的选择性，对不同发育阶段的螨防治效果不一样，有的杀螨剂对卵和幼虫或幼螨的触杀作用较好，但对成螨的效果较差。

③ 杀菌剂的应用　用来防治植物病害的药剂，如代森锌、波尔多液、多菌灵、粉锈宁、克瘟灵等农药。主要对病菌生长起抑制作用，保护农作物不受侵害和渗进作物体内消灭入侵病菌。大多数杀菌剂主要是起保护作用，预防病害的发生和传播。

④ 除草剂的应用　专门用来防除农田杂草的药剂，如除草醚、杀草丹、氟乐灵、绿麦隆等农药。根据它们的杀草作用可分为触杀性除草剂和内吸性除草剂，前者只能用于防治由

种子发芽的一年生杂草，后者可以杀死多年生杂草。有些除草剂在使用浓度过量时，草、苗都能杀死或会对作物造成药害。

⑤ 植物生长调节剂的应用　专门用来调节植物生长、发育的药剂，如萘乙酸、赤霉素（920）、矮壮素、乙烯剂等农药。这类农药具有与植物激素相类似的效应，可以促进或抑制植物的生长、发育，以满足生长的需要。

⑥ 杀线虫剂的应用　适用于防蔬菜、草莓、烟草、果树、林木上的各种线虫。杀线虫剂由原来的有兼治作用的杀虫、杀菌剂发展成为一类新型药剂。目前的杀线虫剂几乎全部是土壤处理剂，多数兼有杀菌、杀土壤害虫的作用，有的还有除草作用。按化学结构分为四类：硫氰酯类、卤代烃类、二硫代氨基甲酸酯类和有机磷类。

⑦ 杀鼠剂的应用　杀鼠剂按作用方式分为胃毒剂和熏蒸剂；按来源分为有机杀鼠剂、无机杀鼠剂和天然植物杀鼠剂；按作用特点分为急性杀鼠剂（单剂量杀鼠剂）及慢性抗凝血剂（多剂量抗凝血剂）。

实验 2-1　对氯苯氧乙酸的制备

一、实验目的

(1) 掌握对氯苯氧乙酸的制备原理和方法。
(2) 掌握搅拌、抽滤、混合溶剂重结晶、干燥等基本操作。

二、实验原理

对氯苯氧乙酸为白色结晶，熔点 157～159 ℃，易溶于乙醇、丙酮和苯，微溶于水。它是一种多用途的植物生长素，具有促进植物发芽、生长、防止落花、落果、提前成熟等作用。对氯苯氧乙酸可由对氯苯酚和氯乙酸反应制得。

$$\underset{Cl}{\underset{|}{C_6H_4}}\text{-OH} + ClCH_2COOH \xrightarrow{NaOH} \underset{Cl}{\underset{|}{C_6H_4}}\text{-OCH}_2COOH + H_2O + NaCl$$

三、仪器与试剂

(1) 仪器：磁力搅拌器、三口烧瓶（100 mL）、温度计、量筒、滴管、布氏漏斗、抽滤瓶、冷凝管。

(2) 试剂：对氯苯酚、氯乙酸、40% NaOH、浓盐酸、乙醇、刚果红试纸。

四、实验步骤

在装有磁力搅拌器及温度计的 100 mL 干燥三口烧瓶中，加入氯乙酸 5.7 g（0.06 mol），加热熔化后，再在搅拌下加入对氯苯酚 6.5 g（0.05 mol）。在 50～55 ℃下滴加 40% 的 NaOH 溶液 14 mL。待全部滴加后，继续反应 1.5 h。然后将反应液倒入 50 mL 水中，再用浓盐酸酸化至刚果红试纸变蓝。析出白色固体，抽滤、水洗至 pH=4～5，得到粗产品。

粗产品经乙醇-水重结晶，在 100 ℃下干燥，可得产品。称重，计算产率。

【注释】

[1] 对氯苯酚要充分溶解。
[2] 在重结晶时注意乙醇和水混合溶剂比例的控制。

五、思考题

(1) 使用混合溶剂重结晶应当注意哪些问题？应当怎样操作？
(2) 在使用盐酸酸化时，应当注意哪些问题？

实验 2-2　农药福美双的合成

一、实验目的

(1) 了解福美双的性能及用途。
(2) 掌握福美双的制备方法。

二、实验原理

福美双又名二硫化四甲基秋兰姆（tetramethylthiuram disulfide），化学名称是二硫化双（硫羰基二甲胺），结构式如下：

$$(H_3C)_2N-C(=S)-S-S-C(=S)-N(CH_3)_2$$

产品为白色结晶状粉末，由氯仿乙醇混合溶剂重结晶所得产品熔点 155～156 ℃，电解法含量 99.14%，熔点 148.8 ℃。相对密度 1.29。微溶于乙醇、乙醚；溶于苯、丙酮、氯仿、二硫化碳；不溶于水、稀碱和汽油。与水共热时，生成二甲胺和二硫化碳，有毒，对呼吸道和皮肤有刺激作用。有特臭的气味。福美双的合成方法有很多，主要有亚硝酸钠氧化法、氯气-空气氧化法和电解氧化法等，本实验采用经由二甲胺、二硫化碳、氢氧化钠进行加成反应得福美钠，再经双氧水氧化为本产品。

反应过程如下：

(1) 加成

$$(CH_3)_2NH + S=C=S \xrightarrow{NaOH} (CH_3)_2N-C(=S)-SNa$$

(2) 氧化

$$(CH_3)_2N-C(=S)-SNa \xrightarrow[H_2SO_4]{H_2O_2} (CH_3)_2N-C(=S)-S-S-C(=S)-N(CH_3)_2$$

三、仪器与试剂

(1) 仪器：电动搅拌器、真空泵、三口烧瓶（250 mL）、回流冷凝管、布氏漏斗、烧杯（500 mL）、抽滤瓶、滤纸等。
(2) 试剂：33%二甲胺、98%二硫化碳、30%氢氧化钠、30%双氧水、98%硫酸。

四、实验步骤

(1) 二甲基二硫代氨基甲酸钠（福美钠）的制备

在装有回流冷凝管的 250 mL 三口烧瓶中，加入 36 g 33%二甲胺水溶液，35.2 g 30% NaOH 溶液，然后再加入约 10 g 碎冰，搅拌均匀，在 30 min 内缓慢滴加 25 g 98%二硫化碳，控制温度在 25 ℃以下，加完后继续搅拌 30 min，直到反应液的 pH 值为 8～9 时为反应终点。之后在冷凝管上接真空装置，抽真空 10 min，即可得到淡黄色或草绿色的二甲基二硫代氨基甲酸钠透明溶液。(若要制取二甲基二硫代氨基甲酸钠结晶,把反应装置改为蒸馏装置,继续减压蒸馏,蒸出溶液里的水,冷却后就可得到二甲基二硫代氨基甲酸钠结晶。)

(2) 福美双的制备

在制备的二甲基二硫代氨基甲酸钠溶液中,缓慢滴加氧化剂(水:硫酸:双氧水 = 120 mL : 10 g : 10 g),反应温度控制在25 ℃以下,加完后,反应1 h,之后检测pH值,当溶液的pH值达到3~4时为终点。把溶液倒入500 mL烧杯,用水洗至中性,抽滤,在80 ℃烘干即可得到产品。测熔点。称重,计算产率。

(3) 福美双含量测定

主要方法有黄原酸盐法、极谱法和紫外分光光度法等。

五、思考题

(1) 为什么在加成反应中滴加二硫化碳时要控制温度?反应结束抽真空的目的是什么?

(2) 为什么氧化剂中要加入较大量的水?

(3) 本反应也可用氨水代替氢氧化钠,请写出化学反应式。

实验 2-3　2,4-二氯苯氧乙酸的合成

一、实验目的

(1) 掌握多步反应制备2,4-二氯苯氧乙酸的原理及方法。

(2) 了解植物生长调节剂2,4-二氯苯氧乙酸的性质和用途。

二、实验原理

植物生长调节剂是在任何浓度条件下能影响植物生长和发育的一类化合物,包括肌体内产生的天然化合物和来自外界的一些天然产物。人类已经合成出一些与生长调节剂功能相似的化合物,如本实验的2,4-二氯苯氧乙酸(2,4-dichlorophenoxyacetic acid)就是一种用于除草的植物生长调节剂,它是由苯酚钠和氯乙酸通过Williamson合成法先制备苯氧乙酸,然后通过苯氧乙酸的氯化,得到对氯苯氧乙酸,进一步氯化就得到2,4-二氯苯氧乙酸(简称2,4-D)。苯氧乙酸作为防霉剂又称防落剂,可以减少农作物落花落果。2,4-二氯苯氧乙酸又名除草剂,可选择性地除掉杂草,二者都可作为植物生长调节剂。总的化学反应式如下:

$$ClCH_2COOH \xrightarrow{Na_2CO_3} ClCH_2COONa \xrightarrow[NaOH]{C_6H_5OH} C_6H_5OCH_2COONa \xrightarrow{HCl} C_6H_5OCH_2COOH$$

$$C_6H_5OCH_2COOH + HCl + H_2O_2 \xrightarrow{FeCl_3} Cl\text{-}C_6H_4\text{-}OCH_2COOH$$

$$\xrightarrow[H^+]{2NaOCl} Cl_2C_6H_3\text{-}OCH_2COOH$$

三、仪器与试剂

(1) 仪器:电动搅拌器、回流冷凝管、恒压滴液漏斗、三口烧瓶(100 mL)、锥形瓶(100 mL)、水浴装置、真空泵、布氏漏斗、抽滤瓶、滤纸、烧杯。

(2) 试剂:3.8 g (0.04 mol) 氯乙酸、2.5 g (0.027 mol) 苯酚、三氯化铁、饱和碳酸钠溶液、10%碳酸钠、35%氢氧化钠溶液、冰醋酸、浓盐酸、双氧水(33%)、次氯酸钠、乙醇、乙醚、四氯化碳、刚果红试纸。

四、实验步骤

(1) 苯氧乙酸的制备

在装有电动搅拌器、回流冷凝管和恒压滴液漏斗的 100 mL 三口烧瓶中,加入 3.8 g 氯乙酸和 5 mL 水。开动搅拌,慢慢滴加饱和碳酸钠溶液(约需 7 mL),至溶液 pH 为 7~8。然后加入 2.5 g 苯酚,再慢慢滴加 35% 的氢氧化钠溶液至反应混合物 pH 为 12。将反应物在沸水浴中加热约半小时。反应过程中 pH 值会下降,应补加氢氧化钠溶液,保持 pH 值为 12,在沸水浴上继续加热 15 min。反应完毕后,将三口烧瓶移出水浴,趁热转入锥形瓶中,在搅拌下用浓盐酸酸化至 pH 为 3~4。在冰浴中冷却,析出固体,待结晶完全后,抽滤,粗产物用冷水洗涤 2~3 次,在 60~65 ℃下干燥,产量约 3.5~4 g,测熔点。粗产物可直接用于对氯苯氧乙酸的制备。苯氧乙酸熔点为 98~99 ℃。

(2) 对氯苯氧乙酸的制备

在装有电动搅拌器、回流冷凝管和恒压滴液漏斗的 100 mL 的三口烧瓶中,加入 3 g (0.02 mol) 上述制备的苯氧乙酸和 10 mL 冰醋酸。将锥形瓶置于水浴加热,同时开动搅拌。待水浴温度上升至 55 ℃时,加入少许(约 20 mg)三氯化铁和 10 mL 浓盐酸。当水浴温度升至 60~70 ℃时,在 10 min 内慢慢滴加 3 mL 双氧水(33%),滴加完毕后保持此温度继续反应 20 min。升高温度使瓶内固体全溶,慢慢冷却,析出结晶。抽滤,粗产物用水洗涤 3 次。粗品用 1:3 乙醇-水重结晶,干燥后产量约 3 g。对氯苯氧乙酸的熔点为 157~159 ℃。

(3) 2,4-二氯苯氧乙酸(2,4-D)的制备

在 100 mL 锥形瓶中,加入 1 g (0.0054 mol) 干燥的对氯苯氧乙酸和 12 mL 冰醋酸,搅拌使固体溶解。将锥形瓶置于冰浴中冷却,在摇荡下分批加入 19 mL 5% 的次氯酸钠溶液。然后将锥形瓶从冰浴中取出,待反应物温度升至室温后再保持 5 min。此时反应液颜色变深。向锥形瓶中加入 50 mL 水,并用 6 mol/L 的盐酸酸化至刚果红试纸变蓝。反应物每次用 25 mL 乙醚萃取,萃取 2 次。合并乙醚萃取液,在分液漏斗中用 15 mL 水洗涤后,再用 15 mL 10% 的碳酸钠溶液萃取产物(注意!有二氧化碳气体逸出)。将碱性萃取液移至烧杯中,加入 25 mL 水,用浓盐酸酸化至刚果红试纸变蓝。抽滤析出的晶体,并用冷水洗涤 2~3 次,干燥后产量约为 0.7 g,粗品用四氯化碳重结晶,熔点为 134~136 ℃。

【注释】

[1] 为防止氯乙酸水解,用饱和碳酸钠溶液与氯乙酸反应,生成氯乙酸钠,注意控制碱加入的速度。

[2] 步骤(2)中开始滴加浓盐酸时,可能有沉淀产生,不断搅拌后又会溶解,盐酸不能过量太多,否则会生成锌盐而溶于水。若未见沉淀生成,可再补加 2~3 mL 盐酸。

[3] 若次氯酸钠过量,会使产量降低。也可直接用市售洗涤漂白剂,不过由于次氯酸钠含量不稳定,所以常会影响反应。

五、思考题

(1) 说明本实验中各步反应 pH 值的目的和意义。

(2) 以苯氧乙酸为原料,如何制备对溴苯氧乙酸?能用本方法制备对碘苯氧乙酸吗?

实验 2-4　杀虫剂甲氧氯的制备

一、实验目的
(1) 掌握芳香族亲电取代反应实验操作方法。
(2) 掌握杀虫剂杀虫效果的检验方法。
(3) 了解强腐蚀性试剂的使用，提高安全意识。

二、实验原理
甲氧氯（methoxychlor）是双晶型化合物，化学式为 $C_{16}H_{15}Cl_3O_2$，分子量为 345.65。它存在着两种不同的晶型，文献报道其熔点分别为 78 ℃和 92~94 ℃。它比 DDT 毒性低，其 LD_{50} 为 6000 mg/kg，无致癌性，不在动物体内积累，用于防治水果、蔬菜、花卉害虫、家畜体外寄生虫、粮食及室内害虫等，对蝇类有更大的毒性。

本实验中，杀虫剂甲氧氯是用三氯乙醛与苯甲醚在浓硫酸作催化剂的情况下进行芳香族亲电取代反应制得的。

$$\underset{\underset{Cl}{|}}{\overset{\overset{Cl}{|}}{Cl-C-C-H}} + 2\underset{}{\bigcirc}\!\!-\!OMe \xrightarrow{H_2SO_4} \underset{\underset{Cl}{|}}{\overset{\overset{Cl}{|}}{Cl-C}}\!-\!\underset{}{\overset{}{C}}\!H\!\left(\!\!\bigcirc\!\!-\!OMe\right)_2 + H_2O$$

三、仪器与试剂
(1) 仪器：电热套、回流冷凝管、电动搅拌器、四口烧瓶（250 mL）、锥形瓶、水浴装置、烘箱、抽滤瓶、布氏漏斗、滤纸等。
(2) 试剂：5.0 g 苯甲醚、5.0 g 三氯乙醛、5 mL 冰醋酸、10 mL 浓硫酸、30 mL 乙醚、25 mL 95%乙醇、2 g 无水硫酸钠、冰等。

四、实验步骤
(1) 甲氧氯的合成

在一个干燥的带回流冷凝管的 250 mL 四口烧瓶中加入 5.0 g（0.046 mol）苯甲醚，搅拌下滴入 5.0 g（0.034 mol）三氯乙醛溶于 5 mL 冰醋酸的混合溶液。搅拌下再慢慢地加入 10 mL（0.187 mol）浓 H_2SO_4（如果溶液开始变黑，表明温度升得太高，酸加得太快）。加完 H_2SO_4 以后，保持常温继续搅拌 45 min。约 20 min 以后，反应物表面开始析出厚厚的软蜡状物。反应结束时，加入冰水使物料总体积在 100 mL 左右。甲氧氯会以橡皮状或带有部分黏胶的粉状形式析出。倾出水层，留下物料用温水洗涤 3~4 次（每次 50 mL，期间会产生一些泡沫）。最后，在减少产物损耗的情况下尽量排出水相中的水，得到粗产物，计算收率。

(2) 甲氧氯的精制

粗产物用 15 mL 乙醚溶解。乙醚溶液用一小团棉花过滤到一个干燥的备有瓶塞的 100 mL 锥形瓶中。瓶中滤液用无水硫酸钠干燥。除去硫酸钠后，在通风橱中用水浴加热蒸去乙醚，得到甲氧氯产物。

甲氧氯重结晶较难。但是，若要将其重结晶，可采取下述步骤：将甲氧氯产物溶于少量乙醚中，置于蒸馏装置中水浴加热，使体积减至原有体积的一半。乙醚挥发，冷凝成液体后收集回收。接着，在剩余物中加入 5 mL 95% 乙醇再小心加热蒸馏使体积减少到溶液变得浑浊为止。然后，将此蒸馏瓶置于冰水浴中冷却。若有结晶析出，则用布氏漏斗抽滤收集产物；若依然为黏稠物，则倒入烘干并称重的锥形瓶中，置于烘箱中恒温 90 ℃ 左右以除尽残存溶剂。最后，对最终产物称量，计算收率。

若需检验其杀虫效果，则留下一半最终产物，保存在贴有标签的瓶中，以备用。

(3) 甲氧氯杀虫剂杀虫效果的检验

把 3~4 只家蝇或 20 只果蝇放入玻璃罐内，轻轻旋上盖子。在另一个对照玻璃罐中放入相同数量的家蝇或果蝇。用小刀取几颗或少许甲氧氯杀虫剂，投入其中一罐，记录投入的时间。对照罐中不需放入甲氧氯杀虫剂。注意观察，分别记录第一只家蝇（或果蝇）死亡及全部家蝇（或果蝇）死亡的时间。

【注释】

[1] 乙醚属易燃易爆物质，实验过程中注意乙醚的回收与使用安全。乙醚的沸点低 (34.6 ℃) 并且易挥发，出厂时间较久的乙醚因含有过氧化物导致加热过程中易爆炸。因而，在使用前须除去乙醚中的过氧化物。在蒸馏回收乙醚过程中，最后应保留 2~3 mL 液体不要蒸干。

五、思考题

(1) 甲氧氯合成实验的关键是什么？应该注意哪些实验步骤？

(2) 举例介绍甲氧氯的其他合成方法。

实验 2-5 植物生长调节剂 3-吲哚乙酸的合成

一、实验目的

(1) 掌握利用 Fe-HCl 体系将—NO_2 还原成—NH_2 的方法。

(2) 掌握减压蒸馏中真空泵的使用方法。

(3) 初步掌握利用氮气置换空气的操作方法。

(4) 初步掌握压力釜的操作方法。

二、实验原理

3-吲哚乙酸 (3-indoleacetic acid) 的化学式为 $C_{10}H_9NO_2$，分子量为 175.19。本品为无色结晶，见光后迅速氧化成红色而活性降低，应放在棕色瓶中储藏。熔点 167~169 ℃，微溶于水、甲苯，易溶于乙酸乙酯。在酸性介质中不稳定，在无机酸作用下能迅速失去活性。其水溶液也不稳定，但其钠、钾盐比游离酸稳定。通常以粉剂或可湿性粉剂使用。市售 3-吲哚乙酸为人工合成产品，其 $LD_{50}=150$ mg/kg（小白鼠腹腔注射）。3-吲哚乙酸可以经茎、叶和根系被植物吸收。它对植物生长有刺激作用，可影响细胞分裂、细胞生长和细胞分化，也可影响营养器官和生殖器官的生长、成熟和衰老，可促进植物生根，提高产量，是一种植物生根调节剂。当用于插枝生根的木本植物、草本植物时，可以加速根的形成；当用于处理甜菜种子时，可提高块茎产量与含糖率，也可以促进胡萝卜的生长。

吲哚乙酸由于见光容易分解，在植物体内容易被吲哚乙酸氧化酶分解，并且价格较贵，所以在生产应用上受到限制，主要用于组织培养，诱导愈伤组织和根的形成。

(1) 邻甲苯胺的合成

$$\underset{\text{邻硝基甲苯}}{\text{CH}_3\text{-C}_6\text{H}_4\text{-NO}_2} \xrightarrow[\text{HCl}]{\text{Fe}} \underset{\text{邻甲苯胺}}{\text{CH}_3\text{-C}_6\text{H}_4\text{-NH}_2}$$

(2) 甲酰基邻甲苯胺的合成

$$\text{CH}_3\text{-C}_6\text{H}_4\text{-NH}_2 + \text{HCOOH} \longrightarrow \text{CH}_3\text{-C}_6\text{H}_4\text{-NHCHO} + \text{H}_2\text{O}$$

(3) 吲哚的合成

$$\text{(CH}_3\text{-C}_6\text{H}_4\text{-NHCHO)}_2 \xrightarrow{(t\text{-C}_4\text{H}_9)\text{OK}} \text{吲哚} + \text{CH}_3\text{-C}_6\text{H}_4\text{-NH}_2 + \text{CO} + \text{H}_2\text{O}$$

(4) 3-吲哚乙酸的合成

$$\text{吲哚} + \text{HOCH}_2\text{COOH} \xrightarrow{\text{KOH}} \text{3-(CH}_2\text{COOK)吲哚} + \text{H}_2\text{O}$$

$$\text{3-(CH}_2\text{COOK)吲哚} \xrightarrow{\text{HCl}} \text{3-(CH}_2\text{COOH)吲哚}$$

三、仪器与试剂

(1) 仪器：气阱、真空泵、三口烧瓶（100 mL，1 L）、四口烧瓶（1 L）、分液漏斗、回流冷凝器、压力釜、电热套、电动搅拌器、水蒸气蒸馏装置及减压抽滤装置等。

(2) 试剂：30 g 铁粉、2.5 mL 盐酸、27 g 邻硝基甲苯、201.5 g 90%甲酸、100 mL 石蜡油、300 mL 叔丁醇、14.5 g 金属钾、10 g 无水硫酸钠、90 g 85%氢氧化钾、120 g 70%羟基乙酸水溶液、氮气、碳酸钠、食盐、苯、氢氧化钾、锌粉、乙醚、5%稀盐酸及5%碳酸钠溶液、活性炭等。

四、实验步骤

(1) 邻甲苯胺的合成

将 30 g 铁粉、225 mL 水和 2.5 mL 盐酸加入 1 L 四口烧瓶中，加热至 70 ℃，搅拌并让其酸蚀 1~2 h。其目的是把铁粉溶解在稀盐酸中，以便生成具有还原性的 Fe^{2+}。搅拌下每次少量、分多次加入 27 g（0.2 mol）邻硝基甲苯，维持温度为 80~90 ℃。邻硝基甲苯加完后，升温至 95 ℃，产物应完全溶于稀盐酸。将还原反应物用碳酸钠中和，进行水蒸气蒸馏。将馏出液移入分液漏斗中，加入食盐振荡使食盐完全溶解。用苯萃取 4 次，每次用量 50 mL。苯的萃取液用片状氢氧化钾干燥。蒸出苯以后，向残余物中加入少量锌粉进行蒸馏，其目的是利用锌粉的还原性，防止邻甲苯胺被空气氧化。收集 198~200 ℃的馏分即为邻甲苯胺，约得 17.5 g。还原反应结束后烧瓶内壁留下一层黑色金属氧化物膜，很难洗去。用稀盐酸加热回流 2 h 左右即可洗净。称量，计算收率。

(2) 甲酰基邻甲苯胺的合成

将 21.4 g（0.2 mol）邻甲苯胺和 10.1 g（0.20 mol）90%甲酸混合物加入 100 mL 三口烧瓶中，加热至出现回流，保温 3 h，放置过夜。真空蒸馏，收集沸点为 173~175 ℃（3322 Pa）

的馏分，得到浅黄色 N-甲酰基邻甲苯胺约 20 g，熔点 55~58 ℃。称量，计算收率。

（3）吲哚的合成

在 1 L 的三口烧瓶上装上回流冷凝器和氮气通入管。冷凝器的上口接通至两个由 500 mL 吸滤瓶连接而成的气阱，其中第一个是空的，第二个盛有 100 mL 石蜡油，第二个吸滤瓶的进气管稍稍伸入石蜡油液面下。在三口烧瓶中放入 300 mL 叔丁醇，用氮气赶尽空气。分批加入 14.5 g（0.371 mol）金属钾，加热至全部溶解。加入 34 g（0.25 mol）N-甲酰基邻甲苯胺，并使之溶解。取下回流冷凝器，改为蒸馏装置。用一个吸滤瓶作为接收瓶，并接至前面操作中使用过的气阱，以隔绝空气。蒸馏出过量的醇。剩余物加热至 350~360 ℃，保持 20~30 min，在氮气氛中冷却。加入 150 mL 水使剩余物分解。用水蒸气蒸馏，蒸出吲哚。馏出物用乙醚提取，加入冷的 5％稀盐酸，振荡使邻甲苯胺盐化。倾出水层，用 5％碳酸钠溶液洗涤。再倾去水层，用 10 g 无水硫酸钠干燥。用水浴蒸馏除去乙醚。之后减压蒸馏，收集沸点为 142~144 ℃（3588 Pa）的馏分，得淡黄色吲哚约 11.5 g，熔点 52~53 ℃。称量，计算收率。

（4）3-吲哚乙酸的合成

在 1 L 压力釜中加入 90 g（1.37 mol）85％氢氧化钾和 117 g（1 mol）吲哚，加入 120 g（1.1 mol）70％羟基乙酸水溶液，密闭压力釜，用氮气置换空气，在 250 ℃下反应 22 h。然后降温至 50 ℃，打开釜盖，加入 333 mL 水后加热到 100 ℃保持 30 min 以溶解粗吲哚乙酸钾盐，之后冷却至室温。把反应液倒出，用水洗涤高压釜，并加水调至体积为 1 L。然后用 200 mL 乙醚萃取吲哚，回收待用。水相钾盐用浓盐酸酸化，蒸发部分水，冷却至 10 ℃结晶，过滤。收集得到的晶体，冷水洗涤，干燥，得到浅黄色吲哚乙酸粗品，熔点约 163~165 ℃。用热水溶解，加入活性炭脱色后，进行重结晶操作，得到几乎无色的针状物，即为产品，熔点 164~166 ℃（分解），产品放于棕色瓶中贮藏。称量，计算收率。

【注释】

[1] 邻甲苯胺、N-甲酰基邻甲苯胺等药品具有一定毒性，实验产生的废水应经处理后集中排放。

五、思考题

（1）3-吲哚乙酸合成的关键技术是什么？

（2）还有什么合成 3-吲哚乙酸的方法？举例说明。

第3章 表面活性剂

3.1 表面活性剂及其分类

表面活性剂（surface active agent）是一种有机化合物，其分子结构同时具有两种不同性质的基团：一种是不溶于水的长碳链烷基基团，称为亲油基或疏水基、憎水基；另一种是可以溶于水的基团，称为亲水基。

根据表面活性剂分子组成的特点和极性基团的解离性质，可将表面活性剂分为阳离子型表面活性剂、阴离子型表面活性剂、两性离子型表面活性剂和非离子型表面活性剂。

阳离子型表面活性剂有开链脂肪胺盐、亲油基与 N 相连的胺盐、烷基含氮杂环类、鎓盐以及聚合型阳离子表面活性剂等；阴离子型表面活性剂有脂肪酸盐类、硫酸酯盐类、磺酸盐类以及磷酸酯盐类等；两性离子型表面活性剂有氨基酸型、甜菜碱型以及咪唑啉型等；非离子型表面活性剂有聚氧乙烯脂肪酸酯、聚氧乙烯-聚氧丙烯共聚物、多元醇等。

3.2 表面活性剂的应用

① 在日用化妆品工业的应用　主要起乳化、润湿、清洗、分散、起泡等作用，用来配制皮肤营养品、膏霜类化妆品、发用化妆品、脂粉类美容品、剃须膏、浴用制品、牙膏等。

② 在纺织工业的应用　用作纤维的精炼、洗净助剂，可除去附在棉纤维上的棉蜡等杂质，增加湿润性；表面活性剂也可在纺织工业中作为化碳、漂白、脱糊的助剂以及黏胶纤维的添加剂、梳毛油剂以及丝光处理助剂和缩绒助剂等。

③ 在食品工业的应用　主要是作为食品添加剂，使油脂类和亲水性物质均匀混合、分散，使产品的流变性好，改善外观、风味、可口性、保存性。

④ 在石油燃料工业的应用　主要是作为原油开采、破乳、重油添加剂等。

⑤ 在造纸工业的应用　作为助剂，应用于废纸再生、蒸煮、纸张施胶、制浆、特种纸张加工及造纸污水处理等工艺中，提高纸张质量，改善使用性能或使纸张具备某些特殊功能以及用作处理造纸污水的絮凝剂。

⑥ 在皮革工业的应用　表面活性剂在皮革加工中应用于脱脂、皮革浸水、加脂、染色、整理等许多工序。它通过渗透、润湿、乳化、净洗、匀染、起泡、固色等作用使皮革变得柔软、干净，使鞣制的皮革柔软度及丰满度好，染色均匀。

另外，表面活性剂在机械、金属加工、橡胶塑料加工、包装、建筑材料以及制药等工业领域都发挥着举足轻重的作用。

3.3 日用化学品及其应用

日用化学品（domestic chemical products）是人们日常生活中经常使用的精细化学品。

其种类很多，主要包括化妆品、人体清洁用品、洗涤用品、家庭用精细化学品和香精香料等。表面活性剂与日用化学品密切相关，是日用化学品的主要原料。

但在使用中，要重视日用化学品可能带来的不利影响。

实验 3-1　十二烷基苯磺酸钠的制备

一、实验目的

（1）掌握十二烷基苯磺酸钠的制备原理和方法。
（2）掌握搅拌、回流等基本操作。

二、实验原理

十二烷基苯磺酸钠大量用于生产各种洗涤剂和乳化剂，可用于洗发水、沐浴露等，也可用于纺织工业、电镀工业、造纸工业等。十二烷基苯磺酸钠为白色浆状物或粉末，具有去污、湿润、发泡乳化等性能。其钠盐呈中性，能溶于水，是一种阴离子型表面活性剂。

十二烷基苯磺酸钠是由十二烷基苯与硫酸磺化后，再用碱中和制得，其反应式如下：

$$C_{12}H_{25}-\text{C}_6\text{H}_4-H \xrightarrow{H_2SO_4} C_{12}H_{25}-\text{C}_6\text{H}_4-SO_3H + H_2O$$

$$C_{12}H_{25}-\text{C}_6\text{H}_4-SO_3H \xrightarrow{NaOH} C_{12}H_{25}-\text{C}_6\text{H}_4-SO_3Na + H_2O$$

三、仪器与试剂

（1）仪器：磁力搅拌器、冷凝管、三口烧瓶（100 mL）、温度计、量筒、滴管、滴液漏斗、分液漏斗。
（2）试剂：十二烷基苯、浓硫酸（98%）、氢氧化钠（10%）、pH 试纸、氯化钠。

四、实验步骤

（1）磺化：在装有冷凝管、滴液漏斗、温度计、磁力搅拌器的 100 mL 干燥的三口烧瓶中，加入十二烷基苯 12 mL（11.6 g），搅拌下缓慢滴加 98% 的浓硫酸 12 mL，控制加样温度不超过 40 ℃，加料完毕后逐渐升温至 65 ℃，反应 2 h。

（2）分酸：将上述磺化混合液降温到 40~50 ℃，缓慢滴加适量水（约 5 mL），倒入分液漏斗中，静置，分层，放掉下层（水和无机盐），保留上层（有机相）。注意：分酸时温度不可过低，否则易使分液漏斗被无机盐堵塞，造成分酸困难。

（3）中和：在搅拌下，用浓度为 10% 的氢氧化钠溶液缓慢滴加到上述有机相，控制温度为 40~50 ℃，调节有机相 pH 7~8（大约需要氢氧化钠溶液 15 mL）。

（4）盐析：在上述反应体系中，加入少量氯化钠，可得到白色膏状产品。

【注释】

［1］分酸温度不可过低，否则易使分液漏斗被无机盐堵塞，造成分离无机酸困难。
［2］中和时应控制有机相 pH 7~8。

五、思考题

（1）磺化反应的影响因素有哪些？
（2）十二烷基苯磺酸钠可用于哪些产品的配制？
（3）加入少量氯化钠的目的是什么？

实验 3-2　N,N-二甲基十二烷胺的合成

一、实验目的
（1）学习以脂肪族长碳链伯胺为原料合成叔胺的原理和方法。
（2）了解叔胺的化学性质以及应用。

二、实验原理
以脂肪族长碳链伯胺为原料合成 N,N-二甲基十二烷胺是使用醛或酸作试剂的 N-烷基化反应，伯胺与醛、酸发生反应，先得到仲胺：

$$R-NH_2 + HCHO \underset{}{\overset{H^+}{\rightleftharpoons}} R-NHCH_2OH \underset{}{\overset{H^+}{\rightleftharpoons}} R-\overset{+}{\underset{H}{N}}=CH_2 + H_2O$$

$$R-\overset{+}{\underset{H}{N}}=CH_2 + HCOOH \longrightarrow R-NHCH_3 + CO_2 + H^+$$

仲胺还能进一步与醛、酸反应，最终生成叔胺：

$$R-NH-CH_3 + HCOH \underset{}{\overset{H^+}{\rightleftharpoons}} R-\underset{CH_3}{N}-CH_2OH \underset{}{\overset{H^+}{\rightleftharpoons}} R-\overset{+}{\underset{CH_3}{N}}=CH_2 + H_2O$$

$$R-\overset{+}{\underset{CH_3}{N}}=CH_2 + H-\overset{O}{C}-OH \longrightarrow R-N(CH_3)_2 + CO_2 + H^+$$

三、仪器与试剂
（1）仪器：电动搅拌器、球形冷凝管、四口烧瓶（100 mL）、电炉、电子天平、烧杯、滴管、温度计等。
（2）试剂：十二烷胺、95%乙醇、85%甲酸、36%甲醛、丙酮、1%亚硝基铁氰化钠等。

四、实验步骤
在装有电动搅拌器、球形冷凝管和温度计的 100 mL 四口烧瓶中加入 9.4 g 十二烷胺，搅拌下加入 15 mL 95%乙醇溶液溶解，然后在水冷却下滴加 13 g 85%甲酸溶液，反应温度低于 30 ℃，约 10 min 加完。升温至 60 ℃，再滴加 8.3 g 36%甲醛溶液，15 min 加完。升温回流 1 h，至定性测定溶液中无仲胺为止。测定方法：将 1 mL 丙酮加至事先已调成碱性的 5 mL 反应液中，再加 1%亚硝基铁氰化钠溶液 1 滴，若 2 min 内溶液不呈紫色，证明已到终点。若有明显紫色则可延长反应时间或再加入一些甲酸、甲醛继续反应；称量质量，计算产率。

【注释】
[1] 要控制甲醛滴加的速度，不宜过快。
[2] 严格控制甲醛、甲酸的量，否则会影响显色反应。

五、思考题
（1）除以脂肪族长碳链伯胺为原料外，还有何种方法合成叔胺？
（2）以叔胺为原料可合成哪些表面活性剂？

实验 3-3　十二烷基二甲基氧化胺的合成

一、实验目的
(1) 掌握氧化胺类两性表面活性剂的合成。
(2) 培养学生了解腐蚀性药品使用方法，培养安全环保意识。

二、实验原理
十二烷基二甲基氧化胺是叔胺氧化生成的氧化胺，分子中的 N—O 基团可与水形成氢键，该基团构成了氧化胺类表面活性剂的亲水基。在溶液中，当 pH>7 时，十二烷基二甲基氧化胺是非离子型表面活性剂；当 pH<3 时，它是以阳离子形式存在的。

$$C_{12}H_{25}-\underset{CH_3}{\underset{|}{N}}(CH_3)-O + H^+ \rightleftharpoons C_{12}H_{25}-\underset{CH_3}{\underset{|}{\overset{+}{N}}}(CH_3)-OH$$

氧化胺与各类表面活性剂有良好的配伍性。它是低毒、低刺激性、易生物降解的产品，具有良好的发泡性、稳泡性和增稠性能，常用于洗发水、沐浴露、餐具洗涤剂等产品的配制中。

工业生产上目前都采用双氧水氧化叔胺的工艺路线，反应过程中，双氧水过量，反应后用亚硫酸钠将其除去。反应式为：

$$C_{12}H_{25}-\underset{CH_3}{\underset{|}{N}}(CH_3) + H_2O_2 \longrightarrow C_{12}H_{25}-\underset{CH_3}{\underset{|}{N}}(CH_3)-O + H_2O$$

三、仪器与试剂
(1) 仪器：集热式恒温磁力搅拌器、四口烧瓶（250 mL）、回流冷凝管、温度计（0～100 ℃）、滴液漏斗（60 mL）、电热套、电子天平、广口瓶。
(2) 试剂：十二烷基二甲基胺、30%双氧水、异丙醇、柠檬酸、亚硫酸钠。

四、实验步骤
在装有磁力搅拌器、回流冷凝管、温度计和滴液漏斗的 250 mL 四口烧瓶中加入 42.6 g 十二烷基二甲基胺和 0.6 g 柠檬酸，滴液漏斗中加入 27.2 g 30%的双氧水，开动搅拌，升温到 60 ℃，于 40 min 内将双氧水均匀滴入反应体系。然后将反应物升温到 80 ℃，回流反应约 3 h。反应过程中，体系黏度会不断增加，当搅拌状况不好时，将 24 g 水和 20 g 异丙醇的混合物加入搅拌均匀。反应物降温到 40 ℃时，加入 4 g 亚硫酸钠，搅拌均匀后出料，倒入广口瓶中，即可得到产品。清洗实验玻璃仪器，整理好实验台面。

反应温度通常控制在 60～80 ℃，产品为无色或微黄色透明体，其 1%水溶液的 pH=6～8，游离胺质量分数不高于 1.5%。

【注释】
[1] 30%的双氧水对皮肤有腐蚀性，切勿溅到手上。
[2] 双氧水滴加过快或滴加时反应温度低，易产生积累，使反应不平稳，造成冲料。

五、思考题
(1) 为什么加入水和异丙醇的混合物有利于搅拌？

(2) 典型的氧化胺类表面活性剂有哪些？
(3) 举例说明氧化胺的主要用途。

实验 3-4　拉开粉 Nekal BX 的合成

一、实验目的

(1) 掌握合成阴离子型表面活性剂的操作关键。
(2) 练习、巩固无水操作。
(3) 熟练中间产物分离、中和操作，形成拉开粉。

二、实验原理

拉开粉 Nekal BX 其学名是二丁基萘磺酸钠，属阴离子型表面活性剂，为白色或淡黄色的粉末或片屑，易溶于水。在硬水、盐水、酸类及弱碱液中不起变化，在浓烧碱液中呈白色沉淀，加水稀释后又溶解，是一种效力很好的渗透剂。拉开粉是一种具有特殊润湿能力及渗透能力的表面活性剂，如果把一小块没有经过煮练的坯布浸入冷水中，冷水极不容易使它完全湿透，若是在冷水里加入一些拉开粉，那么坯布就会很快地湿透。铝、铁、锌与铅盐能使拉开粉沉淀，但这些沉淀物对植物纤维没有亲和力。拉开粉除具有很好的渗透能力外，还具有乳化、扩散和起泡能力，但净洗能力相当差，对尘埃等的悬浮力也较差。拉开粉可与其他阴离子型表面活性剂、非离子型表面活性剂、直接染料、还原染料、酸性染料等同用，但不能与阳离子型表面活性剂、阳离子染料等同用。

Nekal BX 的合成是在硫酸催化下，萘与丁醇发生烷基化反应，生成二丁基萘，其再与浓硫酸发生磺化，中和后得到二丁基萘磺酸钠。

(1) 烷基化反应

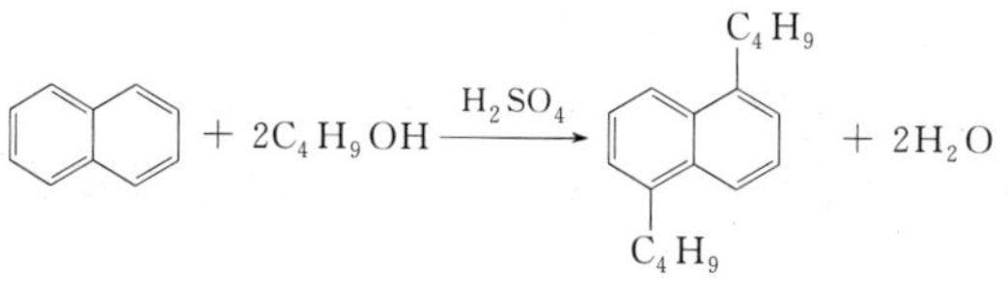

$$\text{萘} + 2C_4H_9OH \xrightarrow{H_2SO_4} \text{二丁基萘} + 2H_2O$$

(2) 磺化反应

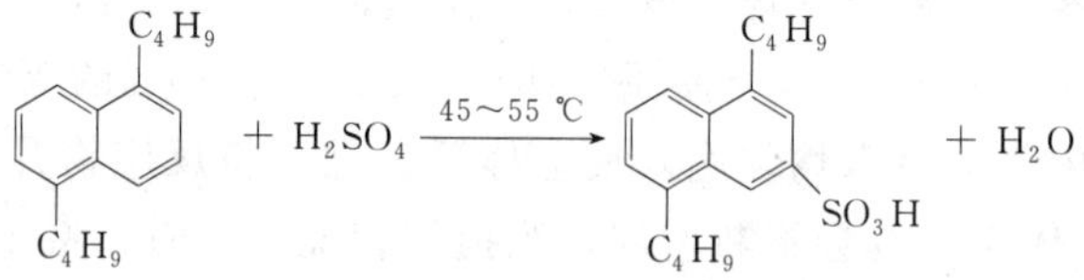

$$\text{二丁基萘} + H_2SO_4 \xrightarrow{45\sim55\ ℃} \text{二丁基萘磺酸} + H_2O$$

(3) 中和反应

$$\text{二丁基萘磺酸} + NaOH \xrightarrow{40\ ℃} \text{二丁基萘磺酸钠} + H_2O$$

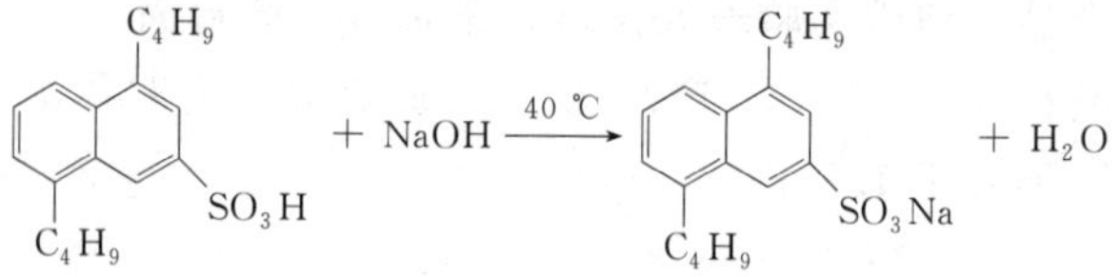

三、仪器与试剂

(1) 仪器：三口烧瓶（100 mL）、电动搅拌器、温度计、Y 形管、回流冷凝管、滴液漏斗、电热套、烧杯、pH 试纸、红外干燥灯、红外光谱仪。
(2) 药品：正丁醇、仲辛醇、萘、98％硫酸、NaOH。

四、实验步骤

(1) 拉开粉 Nekal BX 的合成

在 100 mL 三口烧瓶上,分别装上电动搅拌器、温度计和 Y 形管,在 Y 形管上分别装上回流冷凝管和滴液漏斗。在反应瓶中放入正丁醇 8 g(9.88 mL,120 mmol)、仲辛醇 1.5 g(1.825 mL,1 mmol)、萘 7 g(55 mmol),加完后,在电热套中加热 40~50 ℃,滴加 98% 硫酸 30.75 g(16.75 mL,215 mmol),控制滴加速度,使温度保持在 50~55 ℃,滴加完毕后,在 55~58 ℃下继续搅拌 5 h,静置 3 h,分去下层废酸。

将反应物倒入烧杯中,冷却至 40~50 ℃,先用 30% NaOH 溶液中和至 pH 为 6,再用 10% NaOH 溶液仔细调节 pH 为 7~8,将产品用红外干燥灯烘干,产品用红外光谱进行鉴定。

(2) 应用实验

拉开粉 Nekal BX 系阳离子型表面活性剂,主要作为染色助剂及渗透剂,测定拉开粉的渗透力,一般采用沉降速度法,操作如下:

① 将拉开粉干燥粉末配成 250 mL 0.5%~1% 的溶液于烧杯中。

② 将未经煮练过的厚帆布(其厚度约为 1~2 mm),剪成 15 mm×15 mm 的小方块,分别浸入水及加入浸透剂的溶液中。

③ 记录帆布在 20 ℃时沉降到液面下所需要的时间。

④ 如帆布沉降太快,可将溶液适当稀释后试验。

【注释】

[1] 放厚帆布时不可接触容器壁,以免影响沉降结果。

[2] 滴加硫酸时,反应是放热的,开始不能滴加太快,若温度超过 55 ℃,可用冷水进行冷却,约在 1 h 内将硫酸滴加完毕。

[3] 根据分离出来的废酸体积,估计用碱的体积,中和点十分敏感,在接近要求的 pH 值范围时,中和必须谨慎仔细,防止超过要求的范围。

五、思考题

(1) 本实验属于什么类型的反应?硫酸在反应中起什么作用?

(2) 什么情况下使用滴液漏斗,这里可否用分液漏斗代替?

(3) 产品烘干是否可在电热套或烘箱内进行,正确的烘干方式是什么?

实验 3-5　十二烷基二甲基苄基氯化铵的制备

一、实验目的

(1) 掌握季铵盐型阳离子型表面活性剂的制备原理及方法。

(2) 了解季铵盐型阳离子型表面活性剂的性质和用途。

二、实验原理

十二烷基二甲基苄基氯化铵又称为匀染剂 TAN、吉尔灭、DDP、1227 表面活性剂等,为无色或淡黄色透明黏稠状液体,易溶于水,不溶于非极性溶剂,具有良好的化学稳定性和泡沫性、耐酸、耐冻、耐硬水,还具有乳化、杀菌、抗静电柔软调理等多种性能,是一种季铵盐型阳离子表面活性剂。

本品用作酿酒厂、餐馆、食品加工厂等处的消毒杀菌剂，也可用作游泳池的杀藻、油田助剂、杀菌剂、阳离子染料和腈纶染色的缓染匀染剂、抗静电剂、织物柔软剂、石油化工装置的水质稳定剂等。国内应用比较普遍，使用时掺入少许非离子表面活性剂，提高杀菌效果。

阳离子表面活性剂在水溶液中解离后，生成带正电荷的活性基团。按化学结构可分为（伯、仲、叔）胺盐、季铵盐、胺氧化物等。应用较多的是胺盐和季铵盐两大类，胺盐和季铵盐在制备方法和性质上有很大区别，在酸性介质中，胺盐和季铵盐都易溶于水，但在碱性介质中只有季铵盐可溶于水。胺盐直接由伯、仲、叔胺与各种酸反应制取，反应极易进行。季铵盐一般需要由叔胺和烷基化剂反应才能制备，反应较难进行。

阳离子表面活性剂一般是具有长链烷基的胺盐和季铵盐，因此作为极性亲水基的原料主要是各类胺化合物。阳离子表面活性剂的结构与阴离子表面活性剂的结构相类似，亲油基与亲水基可以通过酯、醚、酰胺、胺等键连接。制取季铵盐所使用的烷基化剂是烷基卤化物或其他易给出烷基的化合物。常用烷基化剂有一氯甲烷、氯化苄、溴甲烷、硫酸二甲酯、硫酸二乙酯、环氧乙烷、苄基环氧乙烷等。

本实验以十二烷基二甲基叔胺为原料、氯化苄为烷基化剂来制取十二烷基二甲基苄基氯化铵。反应式如下：

$$C_{12}H_{25}-N(CH_3)_2 + ClCH_2C_6H_5 \longrightarrow C_{12}H_{25}-N^+(CH_3)_2CH_2C_6H_5 \cdot Cl^-$$

三、仪器与试剂

（1）仪器：电动搅拌器、电热套、温度计、回流冷凝管、四口烧瓶（250 mL）、烧杯、布氏漏斗、抽滤瓶、真空泵。

（2）药品：十二烷基二甲基叔胺、氯化苄。

四、实验步骤

在装有电动搅拌器、回流冷凝管、温度计的 250 mL 四口烧瓶中，加入 22 g 十二烷基二甲基叔胺、12 g 氯化苄，搅拌并升温至 90～100 ℃，回流反应 2 h，冷却、抽滤，即得产品。

【注释】

[1] 在通风橱中量取氯化苄、十二烷基二甲基叔胺等试剂。

[2] 控制反应温度不要超过 100 ℃。

五、思考题

（1）季铵盐和胺盐类阳离子表面活性剂的性质有何区别？

（2）制备季铵盐型阳离子表面活性剂常用的烷基化剂有哪些？

（3）季铵盐型阳离子表面活性剂的工业用途有哪些？

实验 3-6　三乙基苄基氯化铵的制备

一、实验目的

（1）了解相转移催化、季铵盐等概念及季铵盐的制法。

(2) 掌握回流、抽滤等基本操作。

二、实验原理

三乙基苄基氯化铵（benzyl triethylammonium chloride，TEBAC）是一种季铵盐，常用作多相反应中的相转移催化剂。它具有盐类的特性，是结晶型固体，能溶于水。在空气中极易吸湿分解。

TEBAC 可由三乙胺和氯化苄直接作用制得。反应式为：

$$\text{C}_6\text{H}_5\text{—CH}_2\text{Cl} + (\text{C}_2\text{H}_5)_3\text{N} \xrightarrow[83\sim84\,^\circ\text{C}]{\text{ClCH}_2\text{CH}_2\text{Cl}} \text{C}_6\text{H}_5\text{—CH}_2\text{N}^+(\text{C}_2\text{H}_5)_3\text{Cl}^-$$
$$\text{TEBAC}$$

一般反应可在二氯乙烷、苯、甲苯等溶剂中进行，生成的产物 TEBAC 不溶于有机溶剂而以晶体析出，过滤即得产品。

原料氯化苄对眼睛有强烈的刺激、催泪作用，取用时最好在通风橱中进行。

三、仪器与试剂

(1) 仪器：三口烧瓶（100 mL）、回流冷凝管、电动搅拌器、电热套、玻璃棒、布氏漏斗、抽滤瓶、滤纸、真空泵、烘箱。

(2) 试剂：氯化苄、三乙胺、1,2-二氯乙烷、二氯甲烷、无水乙醚。

四、实验步骤

在 100 mL 三口烧瓶中加入 6 g 的 1,2-二氯乙烷、1.6 g（0.0126 mol）氯化苄和 1.3 g（0.0128 mol）三乙胺，接上回流冷凝管，开动搅拌器，加热保持回流反应 1.5 h。如不析出结晶，可用玻璃棒摩擦瓶壁促使结晶析出（或投入少量晶种），抽滤，用少量二氯甲烷或无水乙醚洗涤，烘干，称重（1.5~2.0 g），计算收率。

【注释】

[1] 久置的氯化苄常伴有苄醇和水，因此应使用新蒸馏的氯化苄。

[2] TEBAC 为季铵盐化合物，极易在空气中吸潮分解，需隔绝空气密封保存。

五、思考题

(1) 反应器为什么要干燥？

(2) 为什么季铵盐能作为相转移催化剂？

(3) 抽滤时一般先用水将滤纸润湿一下，请问本实验可以这样操作吗？为什么？

实验 3-7　硬脂酸单甘酯的合成

一、实验目的

(1) 学习多元醇类非离子型表面活性剂的知识及合成路线的选择。

(2) 掌握直接酯化反应的实验操作。

二、实验原理

硬脂酸单甘酯又称甘油单硬脂酸酯或单硬脂甘油酯，是甘油分子三个羟基中的一个羟基（伯羟基或仲羟基均可）与硬脂酸酯化生成的产物，属非离子型表面活性剂。硬脂酸单甘酯有两种异构体，熔点分别为 81.5 ℃ 和 74.4 ℃，一般制品的熔点约为 56~57 ℃，碘值约 3~4，pH 值在 25 ℃ 为 9.3~9.7（3%），在冷水中不溶，可分散于热水中，能溶于乙醇、植物油和矿物油中，硬脂酸单甘酯对人体没有毒性，主要作为乳化剂广泛应用于多种工业。

反应式如下：

$$\begin{matrix} CH_2OH \\ | \\ CHOH \\ | \\ CH_2OH \end{matrix} + C_{17}H_{35}COOH \xrightarrow{催化剂} \begin{matrix} CH_2OCOC_{17}H_{35} \\ | \\ CHOH \\ | \\ CH_2OH \end{matrix} + H_2O$$

三、仪器与试剂

（1）仪器：电动搅拌器、温度计、回流冷凝管、三口烧瓶（250 mL）、烧杯、分液漏斗、烘箱、滤纸、减压蒸馏装置。

（2）试剂：甘油、杂多酸、氢氧化钠、N,N-二甲基甲酰胺、硬脂酸、无水硫酸钠等。

四、实验步骤

在装有电动搅拌器、温度计和回流冷凝管的 250 mL 三口烧瓶中，加入 25 g 硬脂酸、18 mL 甘油、24 mL N,N-二甲基甲酰胺及 0.5 g 杂多酸，剧烈搅拌 2 h，冷却后滤去固体，滤液用 50 mL 水分三次洗涤，经无水硫酸钠干燥，得到硬脂酸缩水甘油酯粗品。

将硬脂酸缩水甘油酯粗品用氢氧化钠水溶液中和，然后再使用 50 mL 水分三次洗涤，减压在 220 mmHg 真空下搅拌加热，蒸出温度至 140 ℃，此时烧瓶中温度为 220 ℃。保持温度不变继续蒸馏，至蒸出温度降低时，表明溶剂已脱尽，停止加热，冷却至 70~80 ℃ 停止减压。加入热水 200 mL 趁热振荡后静置分层，分出油层，重复 3 次。放入烘箱中烘干破乳化，所得油相即为产品。

【注释】

[1] 也可以通过长时间静置，加入带水剂破乳化。

五、思考题

（1）在合成硬脂酸单甘酯的合成中应注意的问题有哪些？

（2）硬脂酸单甘酯的合成主要有几条路线？

（3）如何提高硬脂酸单甘酯的含量？

第4章 催化剂和助剂

催化剂指在化学反应中能改变反应速度而本身的组成和质量在反应后保持不变的物质。催化剂使反应加快的称为正催化剂（positive catalyst），减慢的称为负催化剂（negative catalyst）或缓化剂。一般所说催化剂是指正催化剂。这类催化剂在工业上特别是有机化学工业上用得较多，具有重大的意义，如接触法制硫酸、合成氨、酯和多糖的水解、油脂氢化等都需用催化剂。常用的催化剂主要有金属、金属氧化物和无机酸等。若催化剂为固体，反应物为气体，形成多相的催化反应，这种催化剂有时叫作触媒或接触剂。催化剂一般具有选择性，它只能使某一反应或某一类反应加速进行。但有些反应可用多种催化剂，如氢化反应常可用铂、钯、镍等，应慎重选择。在催化反应中，往往加入催化剂以外的物质，称为助催化剂，以增强催化剂的催化作用。例如铁是合成氨工业的催化剂，加入少量氧化钾和氧化铝能增强铁的催化作用。催化剂和助催化剂的组成和重量在反应前后不变。以上均为无机催化剂。而酶属蛋白质，是很重要的有机催化剂。

催化剂的种类繁多，按催化剂和反应体系的相态来分，有均相与非均相两类催化剂。非均相催化剂应用最广，有气体、液体、固体三种状态，以固态催化剂的品种与应用最多。固体催化剂为金属（镍、铂、钯、铬、钴、钛、钒等）或金属氧化物（氧化铜、五氧化二钒、氧化铅等）制成的细颗粒，或被分散沉积在载体上，以便获得良好的分散效果，增加比表面积。对催化剂的要求有可靠的活性、稳定性、选择性、长工作寿命、不易中毒和过烧、容易再生。为了提高催化效率，将单纯金属催化剂制成合金催化剂（如镍-铝合金）和复合催化剂（Ziegler-Natta 催化剂）。复合催化剂由主催化剂与助催化剂组成。在新型高效催化剂中还要添加其他组分。高效催化剂的产生和发展，推动了高分子材料的发展，产生了许多新一代高性能和高附加值的高分子功能与结构材料。

随着催化剂的广泛应用和一些新型催化剂的出现，可以使许多新的化学反应实现工业化，以提供日益增多的化工产品；也可使一些原有的化工反应的条件得到改善，以提高生产效率和产品质量，充分利用资源。不断选择和研制新一代更多更好的催化剂，一直是现代化学化工研究领域中的重要课题。但催化剂的作用对人类并非都有利，如超音速喷气燃料的燃烧产物作为一种催化剂可以引起同温层（10~50 km 高空）中臭氧的分解，使大气层对太阳紫外线的吸收减弱，致使某些地区皮肤癌患者增多。正在研制新的超音速喷气燃料，要求其燃烧产物不会成为引起同温层中臭氧分解的催化剂。

助剂是指在工农业生产，尤其是化工生产中，为改善生产过程、提高产品质量和产量或者赋予产品某种特有的应用性能而添加的一些辅助化学品。助剂是化工生产中一大类重要的辅助原材料，能赋予产品以特殊的性能，改进成品用途；能加快化学反应速度，提高产品收率；能节约原料，提高加工效率。助剂广泛应用于化学工业，特别是有机合成、合成材料后加工及石油炼制、农药、医药、染料、涂料等工业部门。助剂按用途可分为合成用助剂和加工用助剂。在树脂、橡胶、纤维等单体合成和聚合中所用的各种辅助药剂，叫作合成用助剂，包括催化剂、溶剂、引发剂、分散剂、乳化剂、调节剂、阻聚剂、终止剂等。在由生胶制造橡胶、塑料制品加工以及化学纤维纺丝等过程中所使用的辅助化学药剂，叫作加工用助剂，包括增塑剂、热稳定剂、抗氧剂、光稳定剂、阻燃剂、发泡剂、润滑剂、脱模剂、硫化剂、促进剂、软化剂、防焦剂、表面活性剂、油剂、填充剂等。在这些助剂中，不少是化学危险物品，如合成用的偶氮二异丁腈、过氧化二苯甲酰、烷基铝、过氧化氢-亚铁蓝、氯化钛等引发剂、催化剂均为易燃易爆物品，应按《化学危险物品安全管理条例》的有关规定，进行储存、运输、经营和使用。

实验 4-1　抗氧剂双酚 A 的合成

一、实验目的

（1）通过实验了解双酚 A 制备的原理和方法。
（2）进一步熟练掌握机械搅拌装置的装配和使用。

二、实验原理

双酚 A 是一种用途很广泛的化工原料。它是双酚 A 型环氧树脂及聚碳酸酯等化工产品的合成原料，还可以用作聚氯乙烯塑料的热稳定剂，电线防老剂，油漆、油墨等的抗氧剂和增塑剂。双酚 A 主要是通过苯酚和丙酮的缩合反应来制备，一般用盐酸、硫酸等质子酸作为催化剂。

$$2 \text{C}_6\text{H}_5\text{OH} + \text{CH}_3\text{COCH}_3 \longrightarrow \text{HO-C}_6\text{H}_4\text{-C(CH}_3\text{)}_2\text{-C}_6\text{H}_4\text{-OH} + \text{H}_2\text{O}$$

三、仪器与试剂

（1）仪器：四口烧瓶（100 mL）、球形冷凝管、温度计、电动搅拌器、抽滤装置等。
（2）试剂：苯酚、丙酮、甲苯、浓硫酸。

四、实验步骤

（1）双酚 A 粗产品的制备　按照要求装配好搅拌装置。将 10 g 苯酚加入到 100 mL 四口烧瓶中，烧瓶外用水冷却。在不断搅拌下，加入 4 mL 丙酮。当苯酚全部溶解后，温度达到 15 ℃时，在保持匀速搅拌情况下，开始逐滴加入浓硫酸 6 mL。保持反应混合物的温度在 18~20 ℃。持续搅拌 2 h，液体变得非常稠厚。将上述液体以细流状倾入 50 mL 冰水中，充分搅拌。静置，充分冷却结晶。

（2）双酚 A 粗产品的纯化　溶液充分冷却后减压过滤，并将滤饼用水洗涤至呈中性为止。抽滤，用滤纸进一步压干，然后进行烘干。粗产品用甲苯重结晶。烘干、称重，计算产率。

【注释】

［1］通过控制浓硫酸滴加速度和冷水浴，控制反应温度。
［2］反应温度控制在 18~20 ℃，若反应温度过高，丙酮易被挥发掉，若反应温度过低，不利于产物的生成。
［3］双酚 A 产品的烘干应先在 50~60 ℃烘干 4 h，再在 100~110 ℃烘干 4 h。

五、思考题

（1）除了本实验中所用到的方法，双酚 A 还有哪些制备方法？
（2）本实验中为什么要加入硫酸？用其他酸代替行不行？若行，可以用什么酸代替？

（3）你认为本实验的关键是什么？

实验 4-2　邻苯二甲酸二丁酯的合成

一、实验目的
（1）学习酯化反应的原理和实验方法。
（2）掌握在可逆反应中如何使平衡正向移动的原理和方法。
（3）学习油水分离器的使用方法，巩固减压蒸馏操作技术。

二、实验原理
在塑料和橡胶制造中，通常要用到增塑剂。增塑剂是一类能增强塑料和橡胶柔韧性和可塑性的有机化合物。没有增塑剂，塑料就会发硬变脆，常用的增塑剂有邻苯二甲酸二丁酯（dibutyl phthalate）、邻苯二甲酸二辛酯、磷酸三辛酯、癸二酸二辛酯等。

本实验将要制备的邻苯二甲酸二丁酯是广泛应用于乙烯型塑料中的一种增塑剂，它可以通过邻苯二甲酸酐（简称苯酐）与过量的正丁醇在无机酸催化下发生反应而制得。事实上，邻苯二甲酸二丁酯的形成经历了两个阶段。首先是苯酐与正丁醇作用生成二甲酸单丁酯，虽然反应产物是酯，但实际上这一步反应属酸酐的醇解。由于酸酐的反应活性较高，醇解反应十分迅速。当苯酐固体于丁醇中受热全部溶解后，醇解反应就完成了。新生成的邻苯二甲酸单丁酯在无机酸催化下与正丁醇发生酯化反应生成邻苯二甲酸二丁酯。相对于酸酐的醇解而言，第二步酯化反应就困难一些。因此，在苯酐的酯化反应阶段，通常需要提高反应温度，延长反应时间，以促进酯化反应。

酯化反应是一个平衡反应，为使平衡正向移动，一方面可以增加苯酐的投入量；另一方面还可利用共沸蒸馏除去生成水，从而提高酯的产率。

正丁醇和水可以形成二元共沸混合物，沸点为 93 ℃，含醇量为 56%。共沸物冷凝后积聚在油水分离器中并分为两层，上层主要是正丁醇（含 20.1% 的水），可以流回到反应瓶中继续反应，下层为水（约含 7.7% 的正丁醇）。

反应式如下：

$$\text{邻苯二甲酸酐} + n\text{-}C_4H_9OH \longrightarrow \begin{array}{c}\text{COOC}_4H_9\\ \text{COOH}\end{array}$$

$$\begin{array}{c}\text{COOC}_4H_9\\ \text{COOH}\end{array} + n\text{-}C_4H_9OH \xrightarrow{H^+} \begin{array}{c}\text{COOC}_4H_9\\ \text{COOC}_4H_9\end{array} + H_2O$$

三、仪器与试剂
（1）仪器：电热套、三口烧瓶（125 mL）、温度计、油水分离器及回流冷凝管、克氏蒸馏瓶（50 mL）、分液漏斗（125 mL）、循环水真空泵、油真空泵。

（2）试剂：邻苯二甲酸酐 10 g（0.068 mol）、正丁醇 15 g（19 mL，0.20 mol）、浓硫酸（少量）、5% 碳酸钠（15 mL）、饱和食盐水（30～45 mL）。

四、实验步骤
在 125 mL 三口烧瓶上，配置温度计、油水分离器及回流冷凝管（图 4-1），温度计应浸

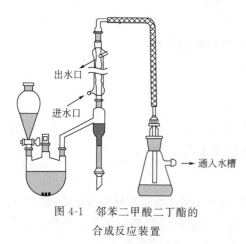

图 4-1　邻苯二甲酸二丁酯的
合成反应装置

入反应混合物液面下，油水分离器中另加几毫升正丁醇，直至与支管口平齐，以便使冷凝下来的共沸混合物中的原料能及时流回反应瓶。依次将 10 g 邻苯二甲酸酐、19 mL 正丁醇、4 滴浓硫酸及几粒沸石加入反应瓶中，摇动使之混合均匀，然后以小火加热。

不断地摇动烧瓶，约 10 min 后，邻苯二甲酸酐固体全部消失，这意味着邻苯二甲酸酐醇解反应结束。逐渐加大火焰加热，使反应混合物沸腾。不久自回流冷凝管流入油水分离器中的冷凝液中有水珠沉入油水分离器积液支管底部，同时上层正丁醇冷凝液又流回反应瓶中。随着反应的不断进行，反应混合物温度逐渐升高。回流 2 h 左右，当温度升至 160 ℃，反应结束，停止加热，待反应混合物冷却至 70 ℃ 以下，将其转入分液漏斗，先用等量饱和食盐水洗涤两次，再用 15 mL 碳酸钠水溶液洗涤一次，然后用饱和食盐水洗 2~3 次，每次 15 mL，使有机层呈中性，将有机层转入 50 mL 克氏蒸馏瓶，先用水泵减压蒸出正丁醇（也可以在常压下作简单蒸馏，去除正丁醇），最后在油泵减压下蒸馏，收集 180~190 ℃/1.3 Pa（10 mmHg）馏分。称量、测折射率，并计算产率。

纯邻苯二甲酸二丁酯为无色透明黏稠液体，沸点 340 ℃，$d=1.043$。

【注释】

[1] 高温下邻苯二甲酸二丁酯会因升华而附在瓶壁上，使部分原料不能参与反应，从而造成收率下降，因此，加热不宜太猛。

[2] 如果油水分离器中不再有水珠出现，即可判断反应已至终点。当反应温度超过 180 ℃ 时，在酸性条件下的邻二甲酸二丁酯会发生分解：

$$\text{邻苯二甲酸二丁酯} \xrightarrow[180\ ℃]{H^+} \text{邻苯二甲酸酐} + 2CH_2=CHCH_2CH_3 + H_2O$$

[3] 当温度高于 70 ℃，酯在碱液中易发生皂化反应。因此，在洗涤时，温度不宜高，碱液浓度也不宜高。

[4] 如果有机层没有洗至中性，在蒸馏过程中，产物将会发生变化。例如，当有机层中含有残余的硫酸，在减压蒸馏时，冷凝管中会出现大量白色针状晶体，这是由于产物发生分解反应生成邻苯二甲酸的缘故。

[5] 邻苯二甲酸酐对皮肤、黏膜有刺激作用，称取时应避免用手直接接触。

五、思考题

(1) 本实验中，浓硫酸用量过多会对反应产生什么影响？

(2) 邻苯二甲酸酐与正丁醇反应时，为什么要严格控制温度？

(3) 如果粗产物中残留有硫酸，在减压蒸馏过程中会产生什么后果？

(4) 为何要用饱和食盐水来洗涤反应混合物？

(5) 产物洗涤至中性后，为何不经干燥处理就可作蒸馏操作？

实验 4-3　抗氧化剂 BHT 的制备

一、实验目的
(1) 掌握食品抗氧化剂的作用原理。
(2) 掌握 BHT 合成的原理和实验中所用到的实验技术。

二、实验原理
抗氧化剂是一些能阻止自动氧化反应过程的化合物。自动氧化的主要反应为自由基机理，为链反应。

为了减弱自动氧化反应，人们研制了抗氧化剂来捕获反应中链传递阶段产生的过氧基。2,6-二叔丁基-4-甲基苯酚（BHT）是一种无毒食品添加剂，作为抗氧化剂使用，分子量 220.36，为白色结晶粉末，无臭无味，熔点 69.5～71.5 ℃，对热及光稳定。易溶于乙醇、乙醚、石油醚及油脂，不溶于水及丙二醇。

反应式如下：

$$\text{对甲苯酚} + 2(CH_3)_3COH \xrightarrow{H_2SO_4} \text{BHT} + 2H_2O$$

三、仪器与试剂
(1) 仪器：锥形瓶、磁力搅拌器、圆底烧瓶、蒸馏装置、分液漏斗、布氏漏斗、量筒、托盘天平、pH 试纸。
(2) 试剂：叔丁醇、对甲苯酚、冰醋酸、浓硫酸、乙醚、氢氧化钠、无水硫酸钠、氯化钠、冰。

四、实验步骤
将 2.16 g 对甲苯酚、1 mL 冰醋酸和 5.6 mL 叔丁醇熔点为 26 ℃，量取前应先加热到 30～35 ℃，并且量具也应该微热，以免凝固）加入锥形瓶中。当对甲苯酚溶解后，把锥形瓶放到冰水浴中冷却，并置于磁力搅拌器上。边搅拌边滴加 5 mL 浓硫酸。如果溶液产生粉红色，就停止加入浓硫酸，直到颜色消失后再加，颜色要保持浅黄。酸加完后，继续在冰水浴中搅拌 30 min。

在锥形瓶中加入 20 mL 冰水，将混合物倒入分液漏斗中。再用 30 mL 冰水洗涤锥形瓶，并倒入分液漏斗中。有机层用 30 mL 乙醚分两次萃取，用力摇晃 1～2 min。待溶液分层后，除去下层的水层，有机层用等体积的水、氢氧化钠（$w=0.02$）溶液洗涤留下的乙醚，并用 pH 试纸检测至中性或碱性。用无水硫酸钠干燥乙醚溶液，用棉花塞滤除硫酸钠后，转移至圆底烧瓶。安装蒸馏装置，水浴加热蒸去乙醚，然后减压下蒸出二异丁烯（沸点 101～105 ℃），大约 10 min。蒸出的二异丁烯会在冷凝管上冷凝为液体，可用纸擦去。

冷却剩余的液体至室温，用玻璃棒摩擦容器壁，使结晶析出，并用冰-盐水浴冷却，使结晶完全。收集晶体于布氏漏斗中的滤纸上，尽可能地将其中的油状母液压出后，称量，计算产率。

【注释】

[1] 对甲苯酚和浓硫酸,特别是后者,会灼伤皮肤,万一泼在手上,应立即用肥皂水和清水彻底冲干净。

[2] 浓硫酸滴加速度一定要缓慢。

[3] 选用高的酸强度和过量的叔丁醇有利于二取代产物的生成,但过量的醇又会导致脱水反应,产生二异丁烯,使产物变得更加复杂。

五、思考题

(1) 在加入浓硫酸时,为什么会产生粉红色的现象?

(2) 制备 BHT 时,反应成败的关键是什么?

(3) BHT 是应用较广的抗氧化剂,举例说明其应用领域。

实验 4-4　2-甲基苯并咪唑的合成

一、实验目的

(1) 掌握 2-甲基苯并咪唑的合成方法。

(2) 了解成环缩合反应的特点。

(3) 掌握熔点测定仪的使用方法。

二、实验原理

将线形或轻度支链形聚合物转化为三维网状结构的过程称为交联,能使聚合物产生交联的物质称为交联剂,交联是聚合物改性的一个重要手段,它可显著提高聚合物的耐热、耐油、耐磨、力学强度等性能,扩大制品的应用范围。在实际的聚合物生产中,交联剂常被称为固化剂、强化剂、硫化剂等。2-甲基苯并咪唑主要作为环氧树脂固化促进剂,应用于粉末成型和粉末涂装中。

成环缩合反应是形成新的环状化合物的缩合反应,这一反应过程常称为闭环或环化。本实验通过邻苯二胺与乙酸进行成环缩合反应来制得 2-甲基苯并咪唑。

反应式如下:

$$\text{邻苯二胺} + CH_3COOH \longrightarrow \text{2-甲基苯并咪唑} + 2H_2O$$

三、仪器与试剂

(1) 仪器:四口烧瓶(500 mL)、烧瓶(1.5 L)、布氏漏斗、抽滤瓶、滤纸、电热套、熔点测定仪。

(2) 试剂:邻苯二胺、乙酸、氢氧化钠、石蕊试纸、活性炭。

四、实验步骤

(1) 成环缩合　在 500 mL 四口烧瓶中,投入 54 g(0.5 mol)邻苯二胺及 45 g 乙酸。混合物于 100 ℃反应 2 h,冷却后,缓慢加入 10%氢氧化钠溶液,摇动烧瓶使之混合均匀,用石蕊试纸检验混合液,应刚好显碱性,然后将粗产品抽滤(抽滤过程中用冷水洗涤固体产品)。

(2) 在 1.5 L 烧瓶中,将上述固体产品溶于 750 mL 沸水,冷却后加入 2 g 活性炭,再煮沸,15 min 后快速抽滤(抽滤前预热漏斗),然后将滤液冷却至 10~15 ℃,再滤出固体产品（过滤过程中用少量冷水洗涤），最后于 100 ℃下干燥产品并称重，计算产率。测熔点。

【注释】

[1] 本品有毒，应密封储存。

[2] 加入 NaOH 时要小心，避免过量。

五、思考题

（1）为什么 2-甲基苯并咪唑的熔点很高？

（2）2-甲基苯并咪唑有没有旋光性？有没有异构体？

（3）在产品精制过程中，加入活性炭的目的是什么？

（4）在成环缩合过程中加入 NaOH 的目的是什么？

实验 4-5 苯并三氮唑（BTA）的合成

一、实验目的

（1）掌握 BTA 的合成方法。

（2）掌握紫外光谱的测定方法。

（3）掌握熔点测定仪的使用方法。

二、实验原理

光稳定剂是能提高高分子材料光稳定性的一种物质，它能屏蔽紫外线，或者强烈地吸收紫外线后再通过能量转换，把吸收的紫外线转化为热能或无害的较长波长的光释放出来，从而使高分子材料免受紫外线破坏，避免了光氧化老化。光稳定剂具有良好的光稳定性、热稳定性、无毒性和低挥发性。作为一种光稳定剂的苯并三氮唑（BTA），具有良好的紫外线吸收能力，因此可以保护对紫外线敏感的制品，例如，它可以防止重氮染料褪色，防止纸、编织物、胶片、金属硬币等变色。

BTA 别名连三氮茚、苯并三氮杂茂、苯三唑，它是白色或浅粉色针状晶体，在空气中逐渐氧化变为红色。它微溶于水，溶于醇、苯、甲苯、三氯甲烷和二甲基甲酰胺，熔点 98.5 ℃，沸点 201～204 ℃/15 mmHg。

反应式如下：

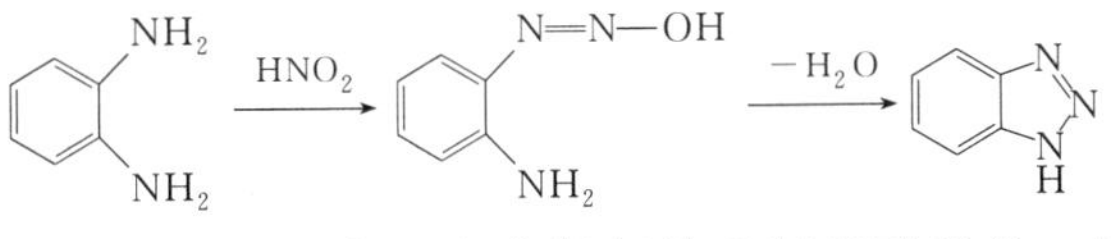

邻苯二胺与亚硝酸发生重氮化反应，生成邻氨基重氮苯醋酸盐，再进一步发生同环偶合反应，生成苯并三氮唑。为了稳定重氮盐，反应中需加入过量醋酸。

苯并三氮唑是高效的紫外线吸收剂，对 290～400 mm 的紫外线有尽可能高的吸收系数或尽可能低的透过率。常以吸收曲线来衡量紫外吸收剂的优劣，实验时把试样溶于溶剂中，利用分光光度计或紫外光谱仪作出紫外光谱图，测量光稳定剂的最大吸收波长及吸收系数，作出吸收曲线，即可判断光稳定性能优劣。

三、仪器与试剂

（1）仪器：四口烧瓶（500 mL）、烧杯、抽滤瓶、滤纸、布氏漏斗、电子恒速搅拌器、电热套、减压装置、熔点测定仪、分光光度计或紫外光谱仪。

(2) 试剂：邻苯二胺、冰醋酸、亚硝酸钠、苯、正己烷。

四、实验步骤

(1) 制备　在 500 mL 四口烧瓶中加入 27 g 邻苯二胺、30 g 冰醋酸（即 29 mL），再加入 75 mL 水，加热、搅拌使之溶解后，将烧瓶置于冰浴中，当温度降至 5 ℃时，搅拌的同时慢慢加入 19 g 亚硝酸钠和 30 mL 水配成的冷溶液，反应物发生重氮化反应，渐渐变暗绿色，当溶液变为橘红色时撤去冰浴，于室温下搅拌 1 h，然后将装有粗产品的烧杯置冰水浴中，不断搅拌，油状物渐渐固化，冷却 3 h 后滤出结晶，用 200 mL 冰水洗涤，抽干，在 45～50 ℃下干燥后计算初产率。对粗产品减压蒸馏，将收集的 201～204 ℃/15mm Hg 的馏分倒入 42.5 mL 苯中，冷却 2 h，析出结晶后抽滤，干燥，得产品并计算产率。测熔点。

(2) 光稳定剂的性能实验　取少量产品溶于正己烷中，利用分光光度计或紫外光谱仪作出紫外光谱图，测定 BTA 的最大吸收波长及吸收系数。

【注释】

[1] 重氮化、偶合过程中，应严格控制反应在规定温度下进行。

五、思考题

(1) 本实验中，冰醋酸有什么作用？
(2) 影响重氮化反应的因素有哪些？
(3) 以 BTA 为例说明光稳定剂的光稳定原理。

实验 4-6　邻苯二甲酸二异辛酯（DOP）的合成

一、实验目的

(1) 学习主要增塑剂 DOP 的制备原理和掌握其制备方法。
(2) 掌握酯化、减压蒸馏等单元操作。
(3) 学习酯的测定方法。

二、实验原理

常温下 DOP 为无色黏稠液体，熔点 55 ℃（常温下），沸点 384 ℃（常温下），折射率 1.4853，闪点 207 ℃，可溶于大多数有机溶剂，微溶于甘油、乙二醇，有特殊气味。DOP 是邻苯二甲酸酯类增塑剂中最重要的品种之一，主要用作聚乙烯、硝化纤维素、电线包皮等塑料中的增塑剂。

采用间歇法制备，配料比一般为苯酐：2-乙基己醇为 1∶2，浓硫酸为苯酐的 0.3%（质量分数），酯化同时加入总物料量 0.1%～0.3%（质量分数）的活性炭，酯化液用氢氧化钠中和、水洗、减压蒸馏，回收过量的 2-乙基己醇，再经脱色、压滤，即得成品。

反应式如下：

$$\text{邻苯二甲酸酐} + 2C_8H_{17}OH \rightleftharpoons \text{邻苯二甲酸二异辛酯}(COOC_8H_{17})_2 + H_2O$$

邻苯二甲酸酯由苯酐与相应的醇在硫酸或对甲苯磺酸等酸性催化剂存在下酯化制得，酸性催化剂的用量以苯酐计一般为 0.2%～0.5%（质量分数）。在反应过程中需不断把酯化反应所生成的水从反应系统中除去。由于该反应是可逆反应，不断除去水可使反应向正方向进行,一般在反应物中加入一种能与水形成共沸物的溶剂作为带水剂,本实验采用过量醇作带水剂。现在工业催化剂的品种越来越多,在传统的硫酸催化酯化基础上,出现了许多催化效果更好的催化剂,本实验同时用了固体酸催化剂 H-Beta,与硫酸作催化剂的效果进行了比较。

三、仪器与试剂

(1) 仪器:四口烧瓶(500 mL)、抽滤瓶、滤纸、布氏漏斗、减压装置、电动恒速搅拌器、电热套等。

(2) 试剂:苯酐、异辛醇、氢氧化钠、硫酸、H-Beta。

四、实验步骤

(1) 酯化

将 40 g 苯酐、100 g 异辛醇、0.3 g 浓硫酸(或 0.3 g H-Beta)加入 500 mL 四口烧瓶中,异辛醇配比是过量的,在反应中同时作为水的共沸剂。反应过程用电动恒速搅拌器不断搅拌,常压下加热酯化。不再有水生成表明反应结束,需要 3 h。

(2) 中和与水洗

在搅拌下,以热的 2%~5% 氢氧化钠溶液中和粗酯数次,澄清后分去碱液,再用水洗至中性或微酸性。

(3) 减压蒸馏

将脱醇的粗酯吸入四口烧瓶中进行减压蒸馏,蒸出醇和水分,经过脱醇的粗酯酸值应在 0.03。

(4) 分析实验

测酸值,测闪点,测皂化值及酯含量。

将催化剂浓硫酸改用 H-Beta 重复上述各步骤,比较产品的性质、反应时间。

【注释】

[1] 苯酐有毒,应小心加药。如果苯酐沾到手上、脸上,应用水快速冲洗。

[2] 减压前要严格检查减压装置的密封性。

[3] 观察酯化第一滴水流出的时间、温度。

五、思考题

(1) 酯化反应的特点是什么?
(2) 非酸性催化剂和酸性催化剂相比在制备工艺上有什么不同?
(3) 硫酸催化反应可能有哪些副反应?
(4) 酸性催化原理是什么?
(5) 活性炭脱色原理是什么?

实验 4-7 四溴双酚 A 的合成

一、实验目的

(1) 掌握四溴双酚 A 的合成方法和原理。
(2) 了解阻燃剂的阻燃原理及应用。

二、实验原理

大多数塑料制品及合成纤维织物具有易燃性,阻燃剂可改变塑料及合成纤维燃烧的反应过程,其阻燃原理有:阻燃剂在燃烧的条件下产生强烈脱水性物质,使塑料或合成纤维炭化而不易产生可燃性挥发物,从而阻止火焰蔓延;阻燃剂分解产生不可燃气体,稀释并阻断空气以抑制燃烧;阻燃剂或其分解熔融后覆盖在树脂或合成纤维上起到屏蔽作用等。

阻燃剂按组成分为两类:①有机阻燃剂,包括氯系如氯化烷烃、磷系如磷酸酯类、溴系如四溴双酚 A 等;②无机阻燃剂,包括三氧化二锑、氢氧化铝、硼化物等。按使用方法分为:①添加型阻燃剂;②反应型阻燃剂,如乙烯基衍生物、含氯化合物、含羟基化合物、含环氧基化合物等。上述阻燃剂中,四溴双酚 A 和三氧化二锑是较为重要的品种。

反应式如下:

$$2 \text{C}_6\text{H}_5\text{OH} + \text{H}_3\text{C-CO-CH}_3 \xrightarrow[\text{助催化剂}]{\text{H}_2\text{SO}_4} \text{HO-C}_6\text{H}_4\text{-C(CH}_3\text{)}_2\text{-C}_6\text{H}_4\text{-OH} + \text{H}_2\text{O}$$

$$\text{HO-C}_6\text{H}_4\text{-C(CH}_3\text{)}_2\text{-C}_6\text{H}_4\text{-OH} + 4\text{Br}_2 \longrightarrow \text{HO-C}_6\text{H}_2\text{Br}_2\text{-C(CH}_3\text{)}_2\text{-C}_6\text{H}_2\text{Br}_2\text{-OH} + 4\text{HBr}$$

本品为淡黄色或白色粉末,溴含量 57%~58%,熔点 181 ℃,分解温度 240 ℃,溶于乙醇、丙酮、苯、冰醋酸等有机溶剂,不溶于水,可溶于稀碱溶液。

本品为反应型阻燃剂,主要用于环氧树脂和聚碳酸酯,阻燃效果优良。此外,也可用于酚醛树脂、不饱和聚酯、聚氨酯等。作为添加型阻燃剂,它可用于聚苯乙烯、苯乙烯-丙烯腈共聚物、ABS 树脂。

三、仪器与试剂

(1) 仪器:三口烧瓶(500 mL)、搅拌器、温度计、回流冷凝管、布氏漏斗、抽滤瓶、滴液漏斗、滤纸、气相色谱分析仪。

(2) 试剂:乙醇、一氯代乙酸、甲苯、甲醇、亚硫酸氢钠、苯酚、丙酮、溴素、氢氧化钠、硫代硫酸钠、浓硫酸、水。

四、实验步骤

(1) "591" 助催化剂的合成

在带有搅拌器、温度计、回流冷凝管的 500 mL 三口烧瓶中,加入 7 mL 乙醇、23.6 g 一氯代乙酸,室温下搅拌溶解。再加入 35.5 mL 质量分数为 30% 的氢氧化钠水溶液,溶液 pH 值为 7~8,控制液温在 0 ℃以下。中和后,加入已配制好的硫代硫酸钠溶液(由 62 g 无水硫代硫酸钠和 8.5 L 水组成),搅拌升温至 75~80 ℃,有白色固体生成。冷却、过滤、干燥,得白色 "591" 助催化剂。

(2) 双酚 A 的合成

在带有搅拌器、温度计及回流冷凝管的 500 mL 三口烧瓶中加入 10 g(0.106 mol)的苯酚和 17 mL 甲苯,在搅拌下将 7 mL 质量分数为 80% 的硫酸缓缓加入。再加入 0.5 g "591" 助催化剂,加入 4 mL(0.053 mol)丙酮进行反应,反应温度不超过 35 ℃。在 35~40 ℃下保温搅拌 2 h。将混合物倒入 50 mL 冷水中,静置、过滤,用冷水洗涤产物至滤液不呈酸性,干燥得到双酚 A 粗品。用甲苯进行重结晶(每克约需 8~10 mL 甲苯),得到双酚 A 约 8 g,为白色针状结晶,熔点 155~156 ℃。

（3）溴化反应

在装有温度计、回流冷凝管、搅拌器及带有插底管的滴液漏斗的三口烧瓶中，加入 54.2 g（0.238 mol）双酚 A 和 122 g 甲醇。搅拌，使双酚 A 溶解。在通风橱中冷却下将 165 g（1.032 mol）溴素加入 85 g 甲醇中制备溴甲醇溶液（用溴甲醇溶液溴化可降低溴化产物中杂质的含量）。在快速搅拌下，于 1.5 h 内通过插底管向双酚 A 醇溶液中滴加制备好的溴甲醇溶液。在室温下加入约 1/3 体积溴甲醇溶液。混合物温度升为回流温度，并慢慢加入剩余的溴甲醇溶液，加完料后再回流 10 min。加入少量亚硫酸氢钠除去未反应的溴，将反应混合物倒入 1000 mL 水中稀释。过滤，水洗，干燥。得到四溴双酚 A，气相色谱分析其含量为 99% 以上。

【注释】

[1] 溴素具有很强的腐蚀性和刺激性，应戴手套、护目镜及在通风橱中操作。

[2] 硫代硫酸钠及亚硫酸钠易被空气氧化，因此尽量用较新鲜的药品。

五、思考题

(1) 制备双酚 A 时，温度为什么不能超过 35 ℃？

(2) 用甲苯重结晶双酚 A 的目的及原理是什么？

(3) 溴化反应是什么类型的反应？

(4) 加入亚硫酸氢钠如何能破坏未反应的溴？

实验 4-8　聚丙烯酰胺絮凝剂的制备

一、实验目的

(1) 了解聚丙烯酰胺的性质及应用。

(2) 掌握反相乳液聚合法制备聚丙烯酰胺原理、操作条件及方法。

二、实验原理

聚丙烯酰胺（PAM）是由丙烯酰胺聚合而成的热塑性树脂。溶于水，通常有粉状和胶冻状两种形式。

聚丙烯酰胺目前是应用广、效能高的有机高分子絮凝剂，多用于印染、造纸、金属冶炼等工业领域废水的处理。引入离子基团形成的阳离子型或阴离子型聚丙烯酰胺，应用范围更加广泛。阳离子型聚丙烯酰胺具有除浊、脱色等功能，可用于带负电荷胶体的絮凝；阴离子型聚丙烯酰胺具有良好的离子絮凝性能，适宜用于矿物悬浮物的沉降分离。此外，聚丙烯酰胺在油田、建筑、土壤改良、纺织、液体输送等方面都有广泛应用。

本实验采用过氧化苯甲酰（BPO）为引发剂，丙烯酰胺单体在分散介质邻二甲苯中进行自由基聚合，生成聚丙烯酰胺。其反应机理为：

$$C_6H_5COO-OOCC_6H_5 \longrightarrow C_6H_5COO\cdot$$

$$C_6H_5COO\cdot + CH_2=CHCONH_2 \longrightarrow C_6H_5COO-CH_2\overset{\cdot}{C}H$$
$$\qquad\qquad\qquad\qquad\qquad\qquad\qquad\qquad |$$
$$\qquad\qquad\qquad\qquad\qquad\qquad\qquad\qquad CONH_2$$

$$C_6H_5COO-CH_2\overset{\cdot}{C}H + CH_2=CHCONH_2 \longrightarrow C_6H_5COO-CH_2-CH-CH_2-\overset{\cdot}{C}H$$
$$\qquad\qquad |\qquad\qquad\qquad\qquad\qquad\qquad\qquad\qquad\qquad\qquad |\qquad\qquad\quad |$$
$$\qquad\qquad CONH_2\qquad\qquad\qquad\qquad\qquad\qquad\qquad\qquad\qquad CONH_2\qquad CONH_2$$

$$\mathrm{\sim\!\!CH_2\!-\!\overset{\cdot}{C}H \atop CONH_2} + CH_2\!=\!CHCONH_2 \longrightarrow \mathrm{\sim\!\!CH_2\!-\!CH_2\!-\!CH_2\!-\!\overset{\cdot}{C}H \atop CONH_2CONH_2}$$

$$\mathrm{\sim\!\!CH_2\!-\!\overset{\cdot}{C}H \atop CONH_2} + \mathrm{H\overset{\cdot}{C}\!-\!H_2C\!\sim \atop CONH_2} \longrightarrow \mathrm{\sim\!\!CH_2\!-\!CH_2\!\sim \atop CONH_2} + \mathrm{CH\!=\!CH\!\sim \atop CONH_2CONH_2}$$

丙烯酰胺是水溶性单体，不宜用水作为分散介质，而要选用与水溶性单体不互溶的油溶性溶剂作为分散介质，故本实验以邻二甲苯为分散介质。引发剂也选用油溶性的，保证引发剂在油相分解形成自由基后扩散到水相引发单体进行聚合反应。本实验选用的过氧化苯甲酰引发剂，溶于有机溶剂而在水中的溶解度很小。人们习惯将上述聚合方法称为反相乳液聚合。对于反相乳液聚合体系，多选用 HLB 值（亲水疏水平衡值）在 3~6 的油包水型乳化剂。本实验选用失水山梨醇单硬脂酸酯（司盘-60）为乳化剂，HLB 值为 4.7。

三、仪器与试剂

（1）仪器：恒温水浴锅、电动搅拌器、温度计、回流冷凝管、托盘天平、分析天平、锥形瓶、量筒、抽滤瓶、布氏漏斗、三口烧瓶（250 mL）等。

（2）试剂：丙烯酰胺、过氧化苯甲酰、邻二甲苯、去离子水、失水山梨醇单硬脂酸酯（司盘-60，棕黄色蜡状物，不溶于水，分散于热水成乳液。溶于热油、脂肪酸及各种有机溶剂。具有乳化、分散、增稠、润滑及防锈性能。用作乳化剂、稳定剂，主要用于医药、化妆品、食品、农药、涂料及塑料工业）。

四、实验步骤

（1）聚丙烯酰胺的合成

用分析天平准确称取 0.02 g 司盘-60，放入三口烧瓶中，再加入 50 mL 邻二甲苯。将三口烧瓶固定在恒温水浴锅中，并安装好电动搅拌器、温度计、回流冷凝管。接通回流冷凝管的冷水，打开水浴锅电源加热并同时搅拌，使温度升至 40 ℃，直至司盘-60 完全溶解。用托盘天平称取过氧化苯甲酰（BPO）5 g、丙烯酰胺 10 g 放入 100 mL 锥形瓶中，用量筒量取 22 mL 去离子水，加入锥形瓶中，轻轻摇动，待引发剂和丙烯酰胺全部溶解后将溶液倒入三口烧瓶中。再用 25 mL 邻二甲苯冲洗锥形瓶，并倒入三口烧瓶中。通冷水，维持搅拌速度恒定，升温到 40 ℃，开始聚合反应。2.5 h 后，升温到 50 ℃，继续反应 0.5 h，结束反应。维持搅拌，停止加热，将水浴锅中热水换为冷水，待反应体系冷却到室温后停止搅拌。得到含有聚丙烯酰胺的悬浮液。用布氏漏斗过滤，固体在通风条件下晾干，得到聚丙烯酰胺产品。称重。

（2）溶剂回收

抽滤瓶中的邻二甲苯溶剂可通过蒸馏操作进行回收。观察并记录实验现象，根据所得聚丙烯酰胺的量，计算反应收率。

【注释】

[1] 过氧化苯甲酰（BPO）属强氧化物，干品极不稳定，摩擦、撞击、遇热或遇还原剂会引起爆炸，在使用时一定要加以注意。

[2] 邻二甲苯有毒，要统一回收处理。实验时，实验室要保持通风良好。

五、思考题

（1）聚丙烯酰胺合成的关键步骤是什么？为什么？

(2) 聚丙烯酰胺有什么用途？举例说明。

实验 4-9　苯乙烯-马来酸酐共聚物的合成

一、实验目的
(1) 学习自由基聚合的原理和沉淀聚合方法。
(2) 掌握苯乙烯-马来酸酐共聚物的合成方法。

二、实验原理
马来酸酐是强的吸电子单体而苯乙烯是强的给电子单体，因此二者等量混合，在引发剂引发下易发生共聚而形成交替共聚物。

本实验采用过氧化苯甲酰（BPO）作为引发剂，引发苯乙烯与马来酸酐发生自由基聚合，形成苯乙烯-马来酸酐共聚物，并通过碱性水解制备水解的苯乙烯马来酸酐共聚物。由于苯乙烯与马来酸酐均可以溶解于甲苯中，而其共聚物在甲苯中不溶，因此其共聚物可以从甲苯中沉淀出来而称为沉淀聚合。

三、仪器与试剂
(1) 仪器：四口烧瓶（250 mL）、圆底烧瓶（100 mL）、电动搅拌器、电热套、布氏漏斗、抽滤瓶、滤纸、烘箱。
(2) 试剂：甲苯、苯乙烯、马来酸酐、BPO、氢氧化钠、盐酸。

四、实验步骤
(1) 共聚物的合成

250 mL 的四口烧瓶中加入 150 mL 经蒸馏的甲苯、10.4 g 苯乙烯、9.8 g 马来酸酐和 0.1 g BPO，升温至 50 ℃左右，搅拌 15 min 使马来酸酐完全溶解。然后，升温到 80 ℃左右反应 1 h。反应物降至室温，将产物滤出，在 60 ℃下真空干燥。

(2) 共聚物皂化

在 100 mL 圆底烧瓶中加入 2 g 干燥的共聚物和 50 mL 2 mol/L 的氢氧化钠溶液，加热至沸腾，待聚合物溶解后继续回流 1 h。降温至 50 ℃，将溶液倾入 200 mL 3 mol/L 的盐酸中，使聚合物沉淀，过滤、洗涤、干燥，获得水解的苯乙烯-马来酸酐共聚物。

【注释】
［1］实验中使用的苯乙烯、马来酸酐、BPO 实验前应该精制。
［2］聚合过程中要控制反应温度不宜太高，以免反应太快，产生副反应。

五、思考题
(1) 影响共聚反应的竞聚率的因素主要有哪些？
(2) 聚合反应的溶剂选择要考虑哪些因素？
(3) 苯乙烯-马来酸酐共聚物有哪些应用？

第 5 章 胶黏剂

5.1 胶黏剂及其分类

胶黏剂（adhesive）是指能使一种物体的表面与另一种物体的表面相互粘接的物质。胶黏剂多为混合物，其组成主要包括基料（黏料）、固化剂、填料、增塑剂、稀释剂、偶联剂、稳定剂和防霉剂等。

按其形态可分为水基胶黏剂、溶剂型胶黏剂、乳液型和胶乳型胶黏剂、无溶剂型胶黏剂、膜状胶黏剂、热熔型胶黏剂六类；按其化学结构可分为热塑性树脂胶黏剂、热固性树脂胶黏剂、橡胶类胶黏剂、无机胶黏剂、天然胶黏剂五类；按其性能可分为压敏胶黏剂、再湿胶黏剂、瞬干胶黏剂、厌氧胶黏剂、耐高温和耐低温胶黏剂、微胶囊胶黏剂六类。

按其用途可分为结构用胶黏剂、非结构用胶黏剂、木材用胶黏剂、金属用胶黏剂、塑料用胶黏剂、纸张和包装用胶黏剂、纤维用胶黏剂、橡胶用胶黏剂、土木建筑用胶黏剂、玻璃用胶黏剂、车辆用胶黏剂、飞机和船舰用胶黏剂、电气和电子工业用胶黏剂、生物体和医疗用胶黏剂十四类。最新发展的胶黏剂还有无污染胶黏剂、第二代丙烯酸酯类胶黏剂、光固化和电子射线固化胶黏剂、导电胶黏剂四类。

5.2 胶黏剂的应用

胶黏剂广泛用于国民经济的各个领域，从儿童玩具的生产、工艺美术品的制作到飞机、火箭、人造卫星的制造等，到处都可以找到胶黏剂的应用。胶黏剂既能很好地连接各种金属和非金属材料，又能对性能相差悬殊的基材，如金属和塑料、水泥和木材、橡胶和帆布等实现良好的连接，并且工艺简单、生产效率高、成本低廉。目前，木材加工业、建筑和包装行业仍是胶黏剂的大宗消费对象，其用量接近全部胶黏剂用量的 90%。其次是纺织、密封、腻子、汽车、航空航天、民用制品等。另外，胶黏剂在机械维修和磨损部件尺寸修复方面也发挥着很大的作用。

5.3 胶黏剂发展概况

① 基料方面　将不同性能的材料进行共混、共聚及拼用可以取长补短，提高胶层的综合性能。

② 剂型方面　将水基胶代替有机溶剂胶，以无溶剂胶代替溶剂型胶已成为一种新的研究方向。

③ 固化方面　光固化、电子束固化的胶种生产量增大。

④ 性能方面　要求多样化、高综合性能化、耐高低温化。

实验 5-1　聚醋酸乙烯酯乳液的制备

一、实验目的
(1) 学习乳液聚合方法，制备聚醋酸乙烯酯乳液。
(2) 了解乳液聚合机理及乳液聚合中各个组分的作用。

二、实验原理
乳液聚合是以水为分散介质，单体在乳化剂作用下分散，并使用水溶性的引发剂引发单体聚合的方法，所生成的聚合物以微细的粒子状分散在水中形成乳液。

乳化剂的选择对稳定的乳液聚合十分重要，起到降低溶液表面张力，使单体容易分散成小液滴，并在乳胶粒表面形成保护层，防止乳胶粒凝聚。常见的乳化剂分为阴离子型、阳离子型和非离子型三种，一般多是离子型和非离子型配合使用。

市场上的"白乳胶"就是乳液聚合方法制备的聚醋酸乙烯酯乳液。乳液聚合通常在装备回流冷凝管的搅拌反应釜中进行（如图 5-1 所示）：加入乳化剂、引发剂水溶液和单体后，一边进行搅拌，一边加热便可制得乳液。乳液聚合温度一般控制在 70～90 ℃，pH 值在 2～6。由于醋酸乙烯酯聚合反应放热较大，反应温度上升显著，一次投料法要想获得高浓度的稳定乳液比较困难，故一般采用分批加入引发剂或者单体的方法。醋酸乙烯酯乳液聚合机理与一般乳液聚合机理相似，但由于醋酸乙烯酯在水中有较高的溶解度，而且容易水解，产生的乙酸会干扰聚合；同时，醋酸乙烯酯自由基十分活泼，链转移反应明显。因此，除了乳化剂，醋酸乙烯酯乳液生产中一般还加入聚乙烯醇来保护胶体。

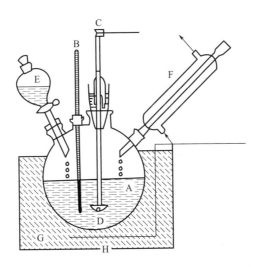

A—四口烧瓶；B—温度计；C—搅拌电机；D—搅拌器；E—滴液漏斗；
F—回流冷凝管；G—加热水浴；H—恒温水槽
图 5-1　乳液聚合反应装置

醋酸乙烯酯也可以与其他单体共聚合制备性能更优异的聚合物乳液，如与氯乙烯单体共聚合可改善聚氯乙烯的可塑性或改良其溶解性；与丙烯酸共聚合可改善乳液的粘接性能和耐碱性。

三、仪器与试剂
(1) 仪器：电动搅拌装置、回流冷凝管、四口烧瓶（500 mL）、滴液漏斗（100 mL）、恒温水槽、温度计、广泛 pH 试纸、NDJ-79 型旋转黏度计、冰箱。

(2) 试剂：醋酸乙烯酯（VAC）、聚乙烯醇-1788（PVA-1788）、十二烷基磺酸钠（K_{12}）、烷基酚聚氧乙烯醚（OP-10）、过硫酸铵（APS）、碳酸氢钠、去离子水。

四、实验步骤

实验装置 如图 5-1 所示，准备试剂如表 5-1 所示。

表 5-1 聚醋酸乙烯酯乳液实验试剂用量

试剂名称	用途	用量/g
醋酸乙烯酯(VAC)	单体	70
聚乙烯醇-1788(PVA-1788)	保护胶体	5.0
十二烷基硫酸钠(K_{12})	阴离子乳化剂	1.0
烷基酚聚氧乙烯醚(OP-10)	非离子乳化剂	1.0
过硫酸铵(APS)	引发剂	0.4
碳酸氢钠($NaHCO_3$)	缓冲剂	0.26
去离子水	分散介质	90

首先在四口烧瓶内加入去离子水 70 g、PVA-1788 5 g、1g OP-10，开启搅拌，水浴加热至 80 ℃ 使其溶解。降温至 75 ℃，停止搅拌，加入 K_{12} 1 g 及 $NaHCO_3$ 0.26 g 后，开启搅拌，在滴液漏斗内加入 7 g VAC（约 1/10 单体量）和 0.1 g APS。APS 一次性加入，而单体滴加 10 min，单体滴加过程，反应温度维持 75 ℃。滴加过程中，体系会出现蓝色，说明聚合反应开始。

单体滴加完毕后，因为反应放热，所以体系温度会上升至 75～80 ℃。在此温度下保温反应 15 min。

控制反应的温度在 80～82 ℃，然后分别用两个滴液漏斗同时滴加剩余的单体（63 g）和引发剂水溶液（0.3 g APS＋30 g 去离子水）。滴加时间为 2 h，尽量保持滴加均匀（建议：在滴液漏斗上画刻度线来估计滴加速度）。

滴加完毕后继续搅拌，保温反应 0.5 h，撤除恒温水槽，继续搅拌冷却至室温。将生成的乳液装瓶。

五、乳液的物性测试

(1) 固体含量：按 GB/T 2793—1995 胶粘剂不挥发物含量的测定方法测定。
(2) 黏度：用旋转黏度计在 30 ℃ 下按 GB/T 2794—2013 的测定方法测定。
(3) pH 值：用广泛 pH 试纸测定。
(4) 抗冻性：将试样置于恒温冰箱内测定。
(5) 耐水性：主要测试纸管黏合干燥后的吸潮情况。
(6) 储存期：试样密封后置于室内存放一段时间仍保持原样为合格。
(7) 粘接强度：取 25 mm×100 m 的卷管纸二张，将其中的一张均匀地涂刷一层纸管胶，然后与另一张纸黏合，立即用胶轮滚压一遍，30 s 后剥离，观察到纸纤维全部被破坏为合格。

六、思考题

查阅相关资料，在实验报告中给出理论含量的计算方式，并与实际测得的含量相比较，结果说明什么?

实验 5-2　聚乙烯醇缩甲醛胶水的制备及性能

一、实验目的
(1) 熟悉聚合物中官能团反应的原理。
(2) 利用聚合物化学反应制备聚乙烯醇缩甲醛。

二、实验原理
聚乙烯醇可以与醛类(甲醛、乙醛、丁醛)进行特征反应——缩醛反应,生成六元环缩醛结构。聚乙烯醇缩甲醛是由聚乙烯醇相邻的羟基之间与甲醛作用,生成1,3-二氧六环的环状物,其反应式可表示为:

$$\sim\sim CH-CH_2-CH-CH_2\sim\sim + HCHO \xrightarrow{H^+} \sim\sim CH-CH_2-CH-CH_2\sim\sim + H_2O$$
$$\quad\quad |\quad\quad\quad\quad |\quad\quad\quad\quad\quad\quad\quad\quad\quad |\quad\quad\quad\quad |$$
$$\quad\quad OH\quad\quad\quad OH\quad\quad\quad\quad\quad\quad\quad\quad O\quad\quad\quad O$$
$$\quad\quad\quad\quad\quad\quad\quad\quad\quad\quad\quad\quad\quad\quad\quad\quad\quad\quad CH_2$$

其中,醛的羰基也可能与两个聚乙烯醇大分子中的两个羟基进行缩醛反应,这样就会形成大分子之间交联的网形结构的聚合物。甲醛化反应可分为两种,一种是在聚乙烯醇的水溶液中进行;另一种是利用固体的聚乙烯醇进行反应。聚乙烯醇纤维在水溶液反应中,醛基沿着聚乙烯醇的链不规则地与羟基反应。但是在固体反应中情况就不同了,试剂进入聚乙烯醇的非结晶部分进行反应,结晶部分则不反应。低温下,聚乙烯醇若经200 ℃进行热处理,结晶度可达50%以上。结晶度低的易溶于水,结晶度高的不易溶于水,经200 ℃热处理的聚乙烯醇固体,即使在80 ℃的热水中也不溶。维纶纤维的生产,就是将聚乙烯醇纤维延伸、热处理,使结晶度提高之后再甲醛化反应。经适度的甲醛化后,有少量的交联发生,变成热水不溶也不收缩的纤维。

三、仪器与试剂
(1) 仪器:三口烧瓶(250 mL)、电动搅拌装置、球形冷凝管、恒压滴液漏斗、温度计、水浴锅、量筒、胶头滴管、天平。
(2) 试剂:聚乙烯醇(1799)、甲醛(36%)、浓盐酸、氢氧化钠(10%)、去离子水。

四、实验步骤
(1) 聚乙烯醇的溶解

在装有搅拌器、球形冷凝管、温度计的250 mL三口烧瓶中加入13.5 g聚乙烯醇和150 mL去离子水,开动搅拌,逐渐加热升温到90 ℃,直到聚乙烯醇完全溶解(30 min)。

(2) 聚乙烯醇的缩醛化反应

在搅拌下用胶头滴管滴加浓盐酸(1.5 mL),调节pH=2~2.5。量取5 mL甲醛,用恒压滴液漏斗将其慢慢滴加到三口烧瓶内,约在30 min内滴完,继续搅拌30 min。停止加热(降温),体系中出现气泡或者有絮状物,立即滴加配制好的10%的氢氧化钠溶液,调节pH=8~9。

(3) 降温出料,获得无色透明黏稠的液体,即市售的胶水。

(4) 测定产品黏度:用玻璃棒蘸取烧杯内的产品抹到纸上,观察其黏性。

【注释】

〔1〕严格按规定量取药品。

〔2〕慢慢滴加甲醛，催化剂盐酸可分批加入（不可过多），否则不易调 pH 值。

〔3〕严格控制好反应温度，不可忽高忽低，过高易发黄，过低反应时间长。

〔4〕维持适当搅拌速度：不可太慢，导致搅拌不好，使局部缩醛度大，产生不溶物；不可太快，仪器振动太强烈，易引起事故。

〔5〕甲醛是无色、具有强烈气味的刺激性气体，其 35%～40% 的水溶液通称福尔马林。甲醛是原浆毒物，能与蛋白质结合，吸入高浓度甲醛后，会出现呼吸道的严重刺激和水肿，皮肤直接接触甲醛，可引起皮炎、色斑、坏死。实验中注意勿吸入甲醛蒸气或与皮肤接触。

五、思考题

(1) 为什么缩醛度增加，水溶性下降？实验中如何掌握好缩醛度？

(2) 产物为什么要调节 pH 值？以多少为宜？

(3) 为什么要掌握适宜的原料比？酸加太多对产品有何影响？

(4) 试讨论缩醛反应的机理及催化剂作用。

实验 5-3　苯丙乳液的制备

一、实验目的

(1) 理解乳液聚合原理。

(2) 掌握苯丙乳液的合成操作方法。

(3) 熟悉聚合反应装置的安装。

二、实验原理

苯丙乳液是苯乙烯、丙烯酸酯类、丙烯酸类多元共聚物的简称，是一大类容易制备、性能优良、应用广泛且符合环保要求的聚合物乳液。苯丙乳液对颜料的粘接能力强，耐水性、耐碱性、耐光性和耐候性较好，施工性能优良。

合成苯丙乳液的共聚单体中，苯乙烯、甲基丙烯酸甲酯为硬单体，赋予乳胶膜内聚力而使其具有一定的硬度、耐磨性和结构强度；丙烯酸丁酯、丙烯酸乙酯等为软单体，赋予乳胶膜以一定的柔韧性和耐久性；丙烯酸为功能性单体，可提高附着力、润湿性和乳液的稳定性，还使乳液具有一定的反应特性，如亲水性和交联性等。除了丙烯酸以外，功能性单体还有丙烯酰胺、N-羟甲基丙烯酰胺、丙烯腈等。

本实验用苯乙烯、甲基丙烯酸甲酯、丙烯酸丁酯、丙烯酸进行四元乳液共聚，合成苯丙乳液。用过硫酸钾作为聚合引发剂，采用阴离子型十二烷基硫酸钠和非离子型 OP-10 为混合乳化剂。聚合工艺采用单体预乳化法，并连续滴加预乳化单体和引发剂溶液。

三、仪器与试剂

(1) 仪器：圆底烧瓶（500 mL）、四口烧瓶（250 mL）、锥形瓶、球形冷凝管、滴液漏斗、Y 形管、电动搅拌装置、温度计、水浴装置、冰箱。

(2) 试剂：苯乙烯、甲基丙烯酸甲酯、丙烯酸丁酯、丙烯酸、OP-10、十二烷基硫酸钠、碳酸氢钠、过硫酸钾、氨水。

四、实验步骤

(1) 单体预乳化 在 500 mL 圆底烧瓶中,加入 100 mL 水、1.5 g 碳酸氢钠、3.4 g 十二烷基硫酸钠、3.4 g OP-10,搅拌溶解后再依次加入 2.7 g (2.7 mL) 丙烯酸、12.7 g (13.2 mL) 甲基丙烯酸甲酯、27.5 g (31.1 mL) 丙烯酸丁酯、28.3 g (31.4 mL) 苯乙烯,室温下搅拌乳化 30 min。

(2) 聚合 称取 1.5 g 过硫酸钾于锥形瓶中,用 30 mL 水溶解配成引发剂溶液,置于冰箱中备用。在 250 mL 四口烧瓶中加入 40 mL 单体预乳化液,搅拌并升温至 78 ℃ 后滴加 8 mL 引发剂溶液,约 20 min 滴完。同时分别滴加剩余的单体预乳化液和 14 mL 引发剂溶液,2.5 h 内滴完。在 30 min 内滴完剩余的 8 mL 引发剂溶液。缓慢升温至 90 ℃,保温反应 1 h。冷却反应液至 60 ℃,加氨水调节 pH 值至 8,出料。

【注释】

[1] 丙烯酸为有刺激性辛辣气味的无色液体,有腐蚀性,酸性较强,实验时注意正确操作。

[2] 试验完毕后,随即拆卸实验装置,将所有玻璃接头、接口拆卸,以防被粘住。拆卸后用洗衣粉、自来水将仪器洗净。

五、思考题

(1) 怎么检验苯丙乳液的稳定性?
(2) 乳液聚合反应为什么单体采用滴加方式?
(3) 如何在配方设计时调节乳液的黏度和流动性?
(4) 在配方设计时,怎样调节聚合物的玻璃化温度?
(5) 乳胶粒的粒径、粒径分布与哪些因素有关?如何控制?

实验 5-4　羧甲基淀粉醚 (CMS) 的合成

一、实验目的

(1) 掌握 CMS 的化学合成方法。
(2) 了解淀粉在工农业生产上的综合加工利用。

二、实验原理

羧甲基淀粉醚 (CMS) 是改性淀粉的代表性产品,是醚类淀粉的一种,通常使用的是它的钠盐,所以又称羧甲基纤维素钠 (CMS-Na):

$$\left(-O-\overset{\overset{\displaystyle OH}{|}}{\underset{|}{HC}}-\overset{\overset{\displaystyle OH}{|}}{\underset{|}{CH}}-\overset{}{\underset{}{HC}}-\right)_n$$
$$CH_2-OCH_2-COONa$$

CMS-Na

CMS 以小麦、玉米、土豆、红薯等淀粉为原料,经醚化反应而得,外观为白色或微黄色粉末,无毒、无味,具有优良的水溶性、膨胀性、黏结性和分散性等。淀粉颗粒中既含有结晶区,也含有非结晶区,非结晶区结构排列无规则且松散,为颗粒中易发生化学反应的薄弱区域。

一次加碱法未对淀粉颗粒进行预处理，故反应试剂无法进入结晶区，反应仅限于在非结晶区中进行，这里羧甲基取代不均匀，又不完全。再者，由于反应体系内碱性很强，副反应程度大，造成氯乙酸利用率低，产品黏度低。

二次加碱法通过对淀粉进行预处理，破坏颗粒的非结晶区，使淀粉颗粒充分溶胀，让氢氧化钠与淀粉中羟基形成活性中心，此时反应效果最好。

碱化反应：

$$\text{-(O-CH-CH(OH)-CH(OH)-CH-CH-O-)}_n\text{-CH}_2\text{-OH} + n\text{NaOH} \rightleftharpoons \text{-(O-CH-CH(OH)-CH(OH)-CH-CH-O-)}_n\text{-CH}_2\text{-ONa} + n\text{H}_2\text{O}$$

醚化反应：

$$\text{-(淀粉-CH}_2\text{-ONa)}_n + n\text{ClCH}_2\text{-COONa} \longrightarrow \text{-(淀粉-CH}_2\text{-OCH}_2\text{-COONa)}_n + n\text{NaCl}$$

三、仪器与试剂

(1) 仪器：三口烧瓶（100 mL）、球形冷凝管、温度计、搅拌器、抽滤装置、量筒等。

(2) 试剂：玉米淀粉、乙醇、氯乙酸、氢氧化钠、冰醋酸、去离子水。

四、实验步骤

用量筒取 30 mL 乙醇加入 100 mL 三口烧瓶中，然后取 20 g 玉米淀粉加入其中，在 35 ℃左右边搅拌边加入 1 g NaOH 粉末，碱化 1.5~2 h，再缓慢滴加 2.7 g 氯乙酸，用 3.4 mL 乙醇溶解完全，滴加 0.5 h，反应 1~1.5 h，第二次加入 1.7 g NaOH 粉末在 15 min 内搅拌升温至 50 ℃醚化 2~5 h。将所得产品用冰醋酸中和至 pH=7~7.5，抽滤，用 85%乙醇洗涤一次，干燥，研细，得米黄色 CMS 产品。用去离子水配成 2% CMS 溶液，调糊，目测黏度及透明度。

五、思考题

(1) 本反应体系若采用碱液（一般 30% NaOH）来作碱剂，试比较与采用 NaOH 粉末作为碱化剂有何不同？试解释之。

(2) 影响产品 CMS 黏度的因素有哪些？

实验 5-5　微胶囊的制备

一、实验目的

(1) 了解微胶囊的作用和制备原理。

(2) 以氧化镁为芯材料，以不同的高分子材料作为壳材料进行微胶囊化。

(3) 根据不同的壳材料的性能设计相应的微胶囊化工艺。

二、实验原理

近些年来，微胶囊技术越来越受到人们的重视，并深入应用到医药、农业和化妆品等领域。微胶囊的应用范围已从最初的无碳复写纸扩展到药物、食品、农药、涂料、油墨、黏合剂、化妆品、洗涤剂、感光材料和纺织等行业,逐渐引起世界的广泛关注。

微胶囊技术是一种用天然或合成的成膜材料把固体、液体或气体包裹使之形成微小粒子或微型容器的技术,得到的微小粒子或微型容器叫作微胶囊,我们把包在微胶囊内部的物质称为囊芯或芯材。囊芯可以是液体,也可以是固体或气体,囊芯可以由一种物质或多种物质组成。微胶囊外部由成膜材料形成的包覆膜称为壁材或囊壁。壁材通常是天然或合成的高分子材料,也可用无机化合物。根据囊芯的性质、用途不同,可采用一种或多种壁材进行包覆。

三、微胶囊的作用

① 隔离性　形成微胶囊后,囊芯被包覆而与外界环境隔离,就可以使它的性能毫无影响地被保留下来,免受外界湿度、氧气、紫外线等因素的影响,因而囊芯不会变质。

② 缓释性　如果选用的壁材对芯材具有半透性,则囊芯可以通过溶解、渗透、扩散等过程,透过膜壁释放出来,而释放速度又可通过改变壁材的化学组分、厚度、孔径大小以及形态结构等加以控制。具有控制释放速率功能的微胶囊在医药、农药、香水等方面很有用。

③ 压敏性　适当调节壁材的物理强度,使其在大于某一压力时外壁破裂,囊芯物质释放出来遇到显色剂而发色。

④ 热敏性　选择适当的热塑性聚合物作壁材,在一定的温度下,胶囊壁材软化或破裂,目的物暴露出来与外界发生反应。或用一定的壁材和芯材制备出由于温度的改变而发生重排或几何异构体产生颜色变化的可逆热变色微胶囊。

⑤ 光敏性　由于照射光的波长不同,芯材中的光敏物质选择吸收特定波长的光,发生感光而产生相应反应或变化。

⑥ 热膨胀性　壁材为具有一定 T_g 热塑性的高气密性物质,芯材为低沸点易挥发的溶剂,制成球形微胶囊,在一定的温度下,内含的溶剂气化,产生足够的内压力使壁材膨胀,冷却后胶囊依旧维持膨胀后的状态。

四、仪器与试剂

(1) 仪器:恒温水浴、磁力搅拌装置、烧杯、三口烧瓶(250 mL)、温度计、照相显微镜、抽滤装置、精密电子天平、精密酸度计、研钵、烘箱。

(2) 试剂:氢氧化镁、油酸、氢氧化钠、聚乙烯、二甲苯、十六醇、聚乙烯醇(PVA)、十二烷基硫酸钠、氯化钠、去离子水。

五、实验步骤

根据微胶囊制备原理的不同,可将造粒方法分为化学方法、物理方法和物理化学方法。本实验使用物理化学方法中的相分离方法制备 PE-$Mg(OH)_2$ 微胶囊。

(1) 有机化 $Mg(OH)_2$ 的制备

① 将 0.21 g 油酸加入 10 mL 水中,加入一定量的 NaOH 使之溶解(A液)。

② 称取 10 g(粒度为 125 目)固体 $Mg(OH)_2$ 分散于水中(B液)。

③ 将 A 液加入 B 液中,升温至 60 ℃,反应 2 h。降温,过滤,在 70 ℃下干燥,用研钵粉碎待用 $[Y_{Mg(OH)_2}]$。

(2) $Mg(OH)_2$ 微胶囊的制备

① 在 250 mL 三口烧瓶中,将 5 g PE 在 80 ℃溶于 35 mL 二甲苯中,加入 0.2 g 十六醇,溶解完全后,加入 1.5 g $Y_{Mg(OH)_2}$,充分分散(A 液)。

② 另取一烧杯,量取去离子水 100 mL,加入 1 g PVA。在 90 ℃下完全溶解,然后加入十二烷基硫酸钠 0.35 g,氯化钠 0.17 g,溶解后保温待用(B 液)。

③ 在三口烧瓶中,强烈搅拌下,将 B 液以较快的速度加入 A 液中,充分分散 10 min,将体系降温至室温,过滤,在 70 ℃下干燥即得产品。

(3) 产品分析

① 包埋率:称量产品重量 (m_1),包埋率 $=(m_1-5)/1.5\times100\%$。

② 表观观察:使用显微镜观察、照相,分析表面形态及尺寸大小。

③ 包埋效果:将一定量的产品用去离子水洗涤后,放入一定量的去离子水中,间隔一定的时间测量 pH 值的变化。

六、思考题

(1) 微胶囊的类型有哪些?

(2) 微胶囊的作用是什么?

(3) 逆乳化法有什么优点?

实验 5-6　一种乳液型纸塑复膜胶的制备

一、实验目的

(1) 了解和掌握乳液型纸塑复膜胶的合成方法及可用单体的种类和作用。

(2) 乳液聚合中各组成成分的作用和乳液聚合的机理。

二、实验原理

将塑料薄膜粘贴在纸张上或经过印刷的纸张上,可以有效地改善纸张或印刷品的外观,并使之经久耐用。例如书籍、杂志的装帧,迷人的广告,靓丽的礼品包装盒、手提袋等无一不是其功劳所在。很多种胶黏剂可以用于纸塑复合粘接。但从现在的研究及使用情况来看,纸塑复合胶黏剂主要有三种类型,即溶剂型胶黏剂、乳液型胶黏剂和固体型胶黏剂。

本实验中,为了使胶黏剂有足够的浸润性和黏附性,我们选用了聚合物玻璃化温度较低、侧基较大的丙烯酸丁酯和丙烯酸乙酯两种单体。但是考虑到纸塑复合用的薄膜主要是非极性的聚丙烯膜,其表面能低,难以粘接,而印刷纸表面则有较强的极性,因此在共聚单体中宜引入极性单体如丙烯酸,以提高共聚物的极性,从而改善乳液与纸的黏结强度。丙烯酸的加入对聚合反应和乳胶稳定性提高都十分有利。

共聚物的玻璃化温度 T_g 取决于共聚物的组成。从使用工艺和性能要求情况看,纸塑复合冷敷用的胶黏剂的 T_g 应在 $-30\sim35$ ℃之间为最佳,这样所制得的胶黏剂对聚丙烯膜的湿润性好,黏结强度高。

三、仪器与试剂

(1) 仪器:电子天平、水浴锅、搅拌器、三口烧瓶(250 mL)、回流冷凝管、聚合釜、恒压滴液漏斗、烧杯(50 mL)、称量纸、滴管(5 支)、广泛 pH 试纸、量筒(25 mL)、PVC 及 PET 膜或其板材、漆膜涂布器、A4 纸、烘箱。

(2) 试剂：邻苯二甲酸二辛酯、甲基丙烯酸甲酯（MMA）、苯乙烯（St）、丙烯酸丁酯（BA）、丙烯酸（AA）、丙烯酸乙酯（EA）、过硫酸铵（APS）、碳酸氢钠、正十八烷基磺酸钠、十二烷基硫酸钠、OP-10、氨水、去离子水。

四、实验步骤

在三口烧瓶（预乳化釜）内依次加入 OP-10 0.25 g、十二烷基硫酸钠 0.3 g、正十八基磺酸钠 5 g、过硫酸铵 0.15 g，然后加入去离子水 20 mL，开动搅拌器使之全部溶解。在预乳化釜内依次加入 AA、EA、BA、St（如果用 MMA 而非 St，MMA 应在 BA 前加入），搅拌乳化 15 min 得到单体的预乳化液。

在装有搅拌器、回流冷凝管的聚合釜内依次加入十二烷基硫酸钠 0.2 g、碳酸氢钠 0.4 g 和去离子水 30 mL，开动搅拌器使之溶解并置于 50 ℃水浴中。然后装好恒压滴液漏斗，称取制好的单体预乳化液 5 g 并加入聚合釜内。称取过硫酸铵 0.3 g 并溶于 5 mL 水中，缓慢加入聚合釜内，同时调整水浴温度为 82 ℃缓慢升温。待温度升至 82 ℃后，缓慢滴加单体预乳化液，2 h 左右滴完。后取 5 mL 水冲洗预乳化釜并滴加入聚合釜内。保温 2 h，待无单体气味为止。降温，用氨水调 pH 值为 7 左右。出料，备用。

将合成的乳液用涂布器在 PVC、PET 膜或其板材上刮涂 150 μm 或 200 μm 膜，晾置 10 min，将 A4 纸与膜乳液面对粘压实，放入 80 ℃烘箱 30 min。取出后，观察纸张与薄膜的黏合情况，并将纸从膜上剥离，观察剥离情况。

【注释】

[1] 本配方中功能单体用量一定的前提下，可适当调整软硬单体的配比来改善纸塑复膜胶的性能。

五、思考题

(1) 纸塑复膜胶对配方中单体组成的要求有何特点？

(2) 根据自己的实际投料情况，计算所合成乳液的理论玻璃化温度，并与实验 5-3 中苯丙乳液的玻璃化温度进行比较。

(3) 为什么反应结束后要用氨水调整 pH 值为 7 左右？

第6章 涂料

6.1 涂料及其分类

涂料（paint）是指涂装在物体表面，经固化后形成薄膜，起到保护、装饰、标识及其他特殊作用（如防污、除静电、吸收或反射辐射、散热、吸声、导磁等）的材料。

涂料组成按其功能划分可归纳为成膜物质、颜料、溶剂和助剂等。成膜物质能够黏附于物体的表面形成连续的膜，是涂料的基础，简称基料。颜料，通常都是固体粉末，它始终留在涂膜中，起着色、增厚和改善性能等作用。溶剂起溶解和稀释作用，以降低成膜物质的黏稠度，便于施工，得到均匀而连续的涂膜。

涂料按介质不同可分为水性涂料、溶剂型涂料和粉末涂料；按用途不同可分为船舶用涂料、建筑用涂料、汽车用涂料、电气绝缘用涂料等；按作用不同可分为防锈涂料、打底涂料、防腐涂料和防火涂料等；按漆膜外观可分为无光涂料、半光涂料、有光涂料、锤纹涂料、皱纹涂料等；按成膜物质不同可分为油基涂料、油性涂料、沥青涂料、酚醛树脂涂料、氨基树脂涂料、醇酸树脂涂料、乙烯树脂涂料、纤维素涂料、聚酯树脂涂料、丙烯酸树脂涂料、聚氨酯树脂涂料、环氧树脂涂料、有机硅树脂涂料、橡胶涂料等十四类。目前，按成膜物质分类是广泛使用的分类方法。

6.2 涂料的作用

① 保护作用。涂料在物体表面形成干燥固化的薄膜，可保护木材、金属等材料不受水、气体、微生物、紫外线等的侵蚀，延长使用寿命，同时还可防止材料磨损。

② 装饰作用。

③ 标识、色彩作用。不同的危险化学品的容器及管道，不同的机械设备，交通运输的车辆等都用色彩涂料作标识。

④ 特殊作用。如绝缘涂料、电涂料、防腐蚀涂料、防火涂料、抗紫外线涂料、保温涂料、吸收或反辐射涂料等。

6.3 涂料的发展概况

粉末涂料具有无溶剂污染、100％成膜、能耗低的特点。随着粉末涂料低温固化、薄膜化和快速换色技术的发展，粉末涂料可用于金属制作、建筑、家电、汽车、特种钢筋及管道方面。目前，高固体分涂料研究开发的重点是低温或常温固化型和官能团反应型。

功能性涂料如氟碳树脂涂料、高装饰性涂料、喷涂聚脲弹性体（SPUA）、隐身涂料、有机-无机复合涂料、纳米材料涂料、智能型涂料、UV涂料等也在快速发展，而且占据越来越重要的位置。

实验 6-1　聚乙烯醇-水玻璃内墙涂料

一、实验目的

学习内墙涂料的基本知识；掌握聚乙烯醇-水玻璃内墙涂料的制备方法和实验技术。

二、实验原理

以聚乙烯醇和水玻璃为基料的内墙涂料称为聚乙烯醇和水玻璃涂料。这类涂料的制法简单，原料易得，价格低廉，无毒无味，而且有阻燃作用。使用这类涂料时操作简单，施工中干燥快，可大量用于住宅和公共场所的内墙涂装。由于内墙涂料的耐候性差，一般不适合外墙涂装。

制造这类内墙涂料时，除了聚乙烯醇和水玻璃外，还需添加表面活性剂、填（充）料和其他辅助材料，它们都是这类涂料的重要成分。

聚乙烯醇（FVA）是本涂料的主要成分，起成膜作用。它是白色至奶黄色的粉末固体，是由聚醋酸乙烯酯经皂化作用而成的高聚物。在工业中，使用碱（一般用氢氧化钠）皂化的甲醇工艺来生产聚乙烯醇（同时得到醋酸乙酯），故该皂化反应又称为醇解。由聚醋酸乙烯酯转化为聚乙烯醇的程度，称为皂化度或醇解度。不同的聚乙烯醇在水中的溶解度差异很大。本实验使用的聚乙烯醇，要求醇解度在98%左右，聚合度约为1700。

水玻璃即硅酸钠，是无色或青绿色固体，其物理性质因成品中 Na_2O/SiO_2 的比例（称为模数）的不同而异。本实验中使用模数为3的品种。在涂料中，水玻璃所起的作用与聚乙烯醇相似，但膜的硬度和光洁度较好。

表面活性剂主要起乳化作用，能使有机物聚乙烯醇、无机物水玻璃及其他成分均匀地分散在水中，成为乳浊液。在本实验中，可选用的商品乳化剂有：乳化剂BL、乳化剂OP-10和乳化剂平平加等。

填料主要是各种石粉和无机盐，在涂料中起"骨架"作用，使涂膜更厚、更坚实，有良好的遮盖力。常用的填充料有以下几种：

(1) 钛白粉（TiO_2）　相对密度4.26，是白度好且硬度大的粉末，具有很好的遮盖力、着色力、耐腐蚀性和耐候性，但成本较高。

(2) 立德粉（$BaSO_4 \cdot ZnS$）　又称为锌钡白，相对密度4.2，白度好，但硬度稍差，可用来部分代替钛白粉以降低成本，但性能略差。

(3) 滑石粉　白色鳞片状粉末，具有玻璃光泽，有滑腻感，相对密度约2.7，化学性质不活泼，用以提高涂层的柔韧性和光滑度。

(4) 轻质碳酸钙　白色细微粉末，体质疏松，相对密度2.7，白度和硬度稍差，但价格低廉，加入后可降低成本。

通常是把以上各种填料按一定比例混合使用，取长补短，以达到较高的性能/价格比。其他成分如颜料、防霉剂、防湿剂、渗透剂等，可按涂料的要求适当添加。

内墙涂料的制备和成膜原理，是利用表面活性剂的乳化作用，在剧烈搅拌下将聚乙烯醇和水玻璃充分混合并高度分散在水中，形成乳胶液。然后加入其他成分搅匀，成为产品。将涂料涂覆在墙上，等水分挥发之后，可形成一层光滑的、包含有填充料和其他成分并起装饰和保护作用的涂膜。

三、仪器与试剂

(1) 仪器：电动搅拌器、滴液漏斗、温度计、三口烧瓶、水浴装置。

(2) 试剂：聚乙烯醇、水玻璃（模数 3）、乳化剂 BL、钛白粉（约 300 目）、立德粉（300 目）、滑石粉（约 300 目）、铬黄或铬绿、轻质碳酸钙（约 300 目）。

四、实验步骤

向装有电动搅拌器、滴液漏斗和温度计的三口烧瓶中加入 128 mL 水，搅拌下加入 7 g 聚乙烯醇。用水浴加热，逐步升温至 90 ℃，搅拌至完全溶解，成为完全透明的溶液 D。冷却，降温至 50 ℃，加入 0.5～1.0 g 的乳化剂 BL，在 50 ℃ 以下搅拌 0.5 h，再降温至 30 ℃，慢慢滴加 10 g 水玻璃。滴加完毕，升温至 40 ℃，继续搅拌 0.5～1.0 h，形成乳白色的胶体溶液。停止加热。

搅拌下慢慢加入 5 g 钛白粉、8 g 立德粉、8 g 滑石粉、32 g 轻质碳酸钙和适量的铬黄或铬绿颜料。充分搅拌均匀，即可得成品约 200 g，黏度 30～40 s（涂-4 杯）。

本实验制得的内墙涂料可用来涂装内墙。涂装前，墙面要清洗干净。若有旧涂层，最好将其清除。若有麻面或孔洞，可用本涂料加滑石粉调成腻子填补好。久置的涂料，使用前要先搅匀，但不可加水稀释，以免脱粉。涂装时涂刷 1～2 遍即可在墙上形成美观的涂层。

【注释】

[1] 聚乙烯醇能否顺利溶解，与实验操作有很大关系。应在搅拌下将聚乙烯醇分散地、逐步地加入温度不高于 25 ℃ 的冷水中，搅拌 15 min 后，才逐渐升温，直至约 85 ℃。在此温度下搅拌，约 2 h 就可完全溶解。不适当的操作可能导致聚乙烯醇结块而溶解困难。

[2] 搅拌所需时间与搅拌的剧烈程度有关，加剧搅拌可缩短时间。

[3] 在实际生产中，若使用高效率的搅拌机和研磨机，所得到的产品质量更佳。根据不同的要求，可加入适量（一般用量很少）的防霉剂、防沉剂、渗透剂等。

五、思考题

(1) 配制聚乙烯醇-水玻璃内墙涂料的关键是什么？

(2) 聚乙烯醇还有什么其他应用？

实验 6-2　丙烯酸酯树脂的合成、清漆制备及性能检测

一、实验目的

(1) 了解丙烯酸酯树脂合成、清漆制备及性能检测方法。

(2) 了解丙烯酸酯树脂的应用。

二、合成工艺

1. 热塑性丙烯酸酯的合成

(1) 配方

甲基丙烯酸甲酯	30.0
甲基丙烯酸丁酯	68.0
甲基丙烯酸	2.0
过氧化二苯甲酰	0.5
甲苯	100.0

配方分析：加入较多量的丁酯可使漆膜有适中的柔韧性，加入少量甲基丙烯酸后，可使漆膜有更好的附着力。

（2）工艺

① 蒸馏除去单体中的阻聚剂，然后将单体按配方混合。

② 将 100 份甲苯加入反应瓶中，加热至 100~110 ℃。

③ 将过氧化二苯甲酰溶于单体混合物中，滤清。

④ 将单体混合物（已加引发剂）慢慢滴入热溶剂进行聚合反应（滴加过程需要 2.5~3 h），注意开始要滴得慢一些。聚合反应开始后温度允许由于反应放热而稍有升高，但应注意控制滴加速度勿升得太快，滴加完毕，温度一般在 111~120 ℃。

⑤ 在回流温度下保持 4 h，控制不挥发分在 47.5% 以上，出料。

（3）注意事项

① 开始滴加时应放慢速度，否则滴加了大部分单体后尚未开始聚合，待开始聚合时，因单体浓度过高，会突然剧烈反应放出大量热，出现危险。

② 滴加速度也影响分子量大小和分子结构的均匀度，滴得慢时分子量较小，但分子结构可能均匀；滴得快时分子量较大，分子结构均匀性较差。

③ 配料及引发剂比例必须准确，对分子量影响很大。

④ 引发剂用量及反应温度对反应时间有直接影响，引发剂用量高、温度高，只需较短时间就可得到较高转化率；引发剂用量少，反应温度低，必须延长保温时间以满足转化率要求，一般要求转化率不低于 95%。

反应过程中通过测定黏度确定反应进行情况。

2. 热塑性丙烯酸酯清漆的制备

（1）清漆

① 配方

上述树脂溶液	30.00
硝酸纤维素（含醇 30%，黏度 0.5 s）	21.40
苯二甲酸二丁酯	3.00
苯二甲酸二辛酯	3.00
醋酸丁酯	25.00
丁醇	7.60
甲苯	10.00

② 配方分析：本配方加有硝基纤维素，提高了光泽和抛光打磨性能，色泽可接近水白色并能长时间保持不变，可用作木器清漆。

（2）磁漆

① 配方

上述树脂溶液	30.00
硝基黑片（炭黑 13.3%，硝基纤维素 63.9%，苯二甲酸二丁酯 22.8%）	15.7
硝酸纤维素（含醇 30%，黏度 0.5 s）	7.10
苯二甲酸丁苄酯	2.42
醋酸丁酯	25.00
丁醇	10.00

丙酮 　　　　　　　　　　　　　　　　　　　　　　　　　　　　　　　　　　　　9.78

② 配方分析：按不挥发分计，硝基纤维素：丙烯酸酯树脂：增塑剂为1：1：0.4，有较好的抛光打磨性能及保光保色性能，可作轿车磁漆。

三、性能检测

(1) 成品要求　外观：透明无杂质。不挥发组分质量分数控制在45%。干燥时间：25 ℃，表干小于6 h，实干小于18 h。

(2) 表干时间的确定　用清漆均匀涂刷在三合样板，观察漆膜干燥情况，用手指轻按漆膜至无指纹，即为表干时间。

四、思考题

(1) 简要说出丙烯酸酯树脂的合成、清漆和色漆的配制及应用性能测试的流程。

(2) 如何判断丙烯酸酯树脂油漆性能的好坏？

实验6-3　醋酸乙烯酯的乳液聚合

一、实验目的

(1) 了解自由基型加聚反应的原理和乳液聚合方法。

(2) 通过醋酸乙烯酯乳液制备，掌握实验操作技能。

二、实验原理

烯类单体的自由基型加聚反应可按本体聚合、溶液聚合、悬浮聚合和乳液聚合等方法进行。采用何种方法主要取决于产物的用途。

乳液聚合就是烯类单体在乳化剂（表面活性剂）的作用下，分散在水相中呈乳状液，并在引发剂的作用下进行聚合反应。得到以微胶粒 $0.1 \sim 1.0~\mu m$ 状态分散在水相中的聚合物乳液。这种乳液稳定性良好，由于使用水作分散介质，具有经济、安全和不污染环境等优点，所以得到了迅速发展，广泛用于涂料、胶黏剂、纺织印染和纸张助剂等的制造。

醋酸乙烯酯通过乳液聚合得到的聚醋酸乙烯酯乳液，广泛用于建筑涂料制造和木材加工等。其反应式如下：

$$n CH_3COOCH=CH_2 \xrightarrow{\text{过硫酸铵}} \text{\textthreesuperior}[HC-CH_2]_n \atop | \atop OCOCH_3$$

三、仪器与试剂

(1) 仪器：电动搅拌器、球形冷凝管、四口烧瓶（100 mL）、水浴装置、滴液漏斗、温度计等。

(2) 试剂：聚乙烯醇、乳化剂OP-10、过硫酸铵、醋酸乙烯酯、碳酸氢钠、邻苯二甲酸二丁酯、去离子水。

四、实验步骤

(1) 聚乙烯醇的溶解　在装有搅拌器、温度计和球形冷凝管的100 mL四口烧瓶中加入22 mL去离子水和0.25 g乳化剂OP-10，开动搅拌器，逐渐加入1.5 g聚乙烯醇。加热升温，在90 ℃保持1 h左右，直至聚乙烯醇全部溶解，冷却备用。

(2) 将0.15 g过硫酸铵溶于水中，配成质量分数为5%的溶液。

(3) 聚合 把 5 g 蒸馏过的醋酸乙烯酯和 1 mL 5％过硫酸铵水溶液加至上述四口烧瓶中。开动搅拌器、水浴加热，保持温度在 65～75 ℃。当回流基本消失时，用滴液漏斗在 1 h 内缓慢地、按比例地滴加 17 g 醋酸乙烯酯和余量的过硫酸铵水溶液，加料完毕后升温至 90～95 ℃，保温 30 min 至无回流为止，冷却至 50 ℃，加入 1～2 mL 5％碳酸氢钠水溶液，调整 pH 至 5～6。然后慢慢加入 2.5 g 邻苯二甲酸二丁酯。搅拌冷却 1 h，即得白色稠厚的乳液。称量，计算产率。

【注释】
[1] 聚乙烯醇溶解速度较慢，必须溶解完全，并保持原来的体积。
[2] 滴加单体速度要均匀，防止加料过快发生爆聚冲料等事故。
[3] 过硫酸铵水溶液数量少，注意均匀、按比例与单体同时加完。
[4] 搅拌速度要适当，升温不能过快。

五、思考题
(1) 聚乙烯醇在反应中起什么作用？为什么要与乳化剂 OP-10 混合作用？
(2) 为什么大部分的单体和过硫酸铵用逐步滴加的方式加入？
(3) 过硫酸铵在反应中起什么作用？其用量过多或过少对反应有何影响？
(4) 为什么反应结束后要用碳酸氢钠调整 pH 5～6？

实验 6-4　纸张上光油配制及紫外光固化实验

一、实验目的
了解和掌握紫外光固化涂料——纸张上光油配制及固化工艺实验。

二、实验原理
紫外光固化涂料在 20 世纪 60 年代由德国拜耳公司率先开发并用于竹木地板上，随后在世界范围内得到广泛研究和开发，现已成功地在竹木地板、家具、电子光盘、光纤、汽车、家用电器、彩色包装等许多领域得到应用。由于其为高固含量涂料，具有环保、快速固化、节能等优点，于 20 世纪 80 年代起在我国得到长足发展。紫外光固化涂料由含不饱和键的低聚物、不饱和单体、光引发剂和其他助剂组成，在 UV 光照下引起自由基链式反应使涂料快速固化。UV 纸张上光油是紫外光固化涂料在纸上的应用。

三、仪器与试剂
(1) 仪器：紫外光固化试验仪、恒温水浴装置、托盘天平、秒表、烧杯（100 mL）、玻棒、小毛刷、光滑铜版纸等。
(2) 试剂：环氧丙烯酸树脂（EA）、三羟甲基丙烷三丙烯酸酯（TMPTA）、二乙二醇二丙烯酸酯（DEGDA）、三丙二醇二丙烯酸酯（TPGDA）、二苯甲酮（BP）、2-羟基-2-甲基-1-苯基-1-丙酮（UV1173）、光敏增感剂（P113-P115）、流平剂、无水乙醇等。

四、实验步骤
上光油配方（质量分数）：EA 40％，DEGDA 20％，TMPTA 15％，TPGDA 10％，BP 5％，UV1173 2％，增感剂 8％，流平剂少许。

按顺序按比例加入上述组分（共 20 g），在 40～50 ℃恒温水浴中加热溶解后，立即取出冷却至室温。用小毛刷蘸少许涂料均匀涂抹于纸张上置于紫外光照下，用秒表控制时间，在

2 s左右取出,以感觉不沾手为固化完全,如固化不充分可再增加时间。记录固化时间,可重复做2~3次。实验完毕,涂料收集在一起,用无水乙醇将毛刷和烧杯清洗干净。

【注释】

[1] 如所配涂料太黏稠不好涂刷,可加入约10%无水乙醇溶解稀释。

[2] 切忌手、皮肤在紫外光下照射。

[3] 手上如沾有上光油,用无水乙醇洗后再用肥皂清洗干净。

五、思考题

怎样确定紫外光固化完全?

实验 6-5　涂料固含量和性能的测定

一、实验目的

掌握涂料的性能测定方法。

二、实验原理

固含量是乳液或涂料在规定条件下干燥后剩余部分占总量的质量分数。

$$固含量 = \frac{干燥后样品质量}{干燥前样品质量} \times 100\%$$

三、仪器与试剂

(1) 仪器:鼓风干燥器、电子天平、称量瓶、烘箱、温度计等。

(2) 试剂:聚醋酸乙烯酯乳胶涂料。

四、实验步骤

将干净的称量瓶准确称量后,加入2~3 g产品,再准确称量后,放入烘箱,在110 ℃干燥24 h,取出后置于干燥器中冷却,再准确称重,计算固体含量。同时测定聚醋酸乙烯酯乳胶涂料的干燥时间。

成品要求:外观为稠厚流体;固体质量分数为50%;干燥时间为25 ℃表干10 min,实干24 h。

【注释】

[1] 冷却时,必须放置在干燥器中,否则吸潮影响固含量的测定。

五、思考题

简单评价聚醋酸乙烯酯乳胶涂料的性能指标。

第7章 香料

香料是能被嗅觉嗅出香气或味觉尝出香味的物质，是配制香精的原料。香料是精细化学品的重要组成部分，按来源，可分为天然香料和合成香料。

(1) 天然香料

天然香料又可分为动物性天然香料和植物性天然香料。

① 动物性天然香料 指动物的分泌物或排泄物。动物性天然香料有十几种，能够形成商品和经常应用的只有麝香、灵猫香、海狸香和龙涎香4种。

② 植物性天然香料 指用芳香植物的花、叶、草、枝、皮、根、茎、籽或果实等为原料，用浸提法、水蒸气蒸馏法、吸收法、压榨法等方法提取，生产出来的精油、浸膏、酊剂、香脂、香树脂和净油等，例如茉莉浸膏、玫瑰油、吐鲁香树脂、白兰香脂、水仙净油等。

使用物理或化学的方法从天然香料中分离出来的单体香料化合物又叫单离香料。例如，在薄荷油中含有70%～80%左右的薄荷醇，用重结晶的方法从薄荷油中分离出来的薄荷醇就是单离香料，俗称薄荷脑。由于从天然精油分离出来的单离香料，绝大多数用有机合成的方法可合成出来，因此，单离香料与合成香料，除来源不同外，并无结构上的本质区别。

(2) 合成香料

通过化学合成的方法制取的香料化合物称为合成香料。目前合成香料已达6000多种，常用的产品有400多种。合成香料工业已成为精细有机化工的重要组成部分。

实验 7-1 氯苄水解法制备苯甲醇

一、实验目的

(1) 了解由氯苄水解法制备苯甲醇的反应原理和合成方法。
(2) 巩固萃取、干燥、蒸馏等基本实验操作。

二、实验原理

苯甲醇（苄醇）是极有用的定香剂，是茉莉、月下香、伊兰等香精调配时不可缺少的香料，用于配制香皂、日用化妆香精。苄醇能缓慢地自然氧化，一部分生成苯甲醛和苄醚，使市售产品常带有杏仁香味，故不宜久储。

苯甲醇的合成方法较多，本实验采用氯苄水解的方法制备苯甲醇，其反应式如下：

$$\text{PhCH}_2\text{Cl} + \text{NaOH} \longrightarrow \text{PhCH}_2\text{OH} + \text{NaCl}$$

副反应：

由于氯苄中有二氯化物杂质存在，在水解时生成苯甲醛。

$$\text{PhCHCl}_2 + 2\text{NaOH} \longrightarrow \text{PhCHO} + 2\text{NaCl} + \text{H}_2\text{O}$$

氯苄、苯甲醇和碱,互相作用生成二苄醚。

$$\text{C}_6\text{H}_5\text{CH}_2\text{Cl} + \text{C}_6\text{H}_5\text{CH}_2\text{OH} \xrightarrow{\text{NaOH}} \text{C}_6\text{H}_5\text{CH}_2\text{—O—CH}_2\text{C}_6\text{H}_5 + \text{NaCl} + \text{H}_2\text{O}$$

三、仪器与试剂

(1) 仪器:电动搅拌器、四口烧瓶(100 mL)、球形冷凝管、电热套、电子天平、量筒、温度计、蒸馏装置。

(2) 试剂:氢氧化钠、碳酸钠、四乙基溴化铵、氯苄、亚硫酸氢钠、二氯甲烷。

四、实验步骤

(1) 在装有电动搅拌器、温度计和球形冷凝管的 100 mL 四口烧瓶中加入 4.0 g 氢氧化钠、1.8 g 碳酸钠、2 mL 质量分数为 50% 的四乙基溴化铵溶液和 50 mL 水,在电热套中加热至回流后滴加 12.5 g 氯苄,加热至 100~105 ℃,反应 2 h。直至油层不再沉底(暂停搅拌观察),此时氯苄气味消失。反应液中加入适量亚硫酸氢钠,然后用 30 mL 二氯甲烷萃取三次,收集有机层。蒸馏,得到产品。

(2) 计算产率,测试结果。产品质量符合下列指标:

产率:80% 左右;

外观:无色液体,有极微弱的花香;

沸点:205.8 ℃/760 mmHg (1.01325×10^5 Pa);

　　　98.2 ℃/14 mmHg (1.86651×10^3 Pa);

　　　93 ℃/10 mmHg (1.33322×10^3 Pa);

相对密度:$d_4^{20} = 1.043$;

折射率:$n_D^{20} = 1.5403$。

【注释】

[1] 因氯苄可溶解橡胶,水解装置各接口应为玻璃磨口。

[2] 氯苄有强烈的催泪作用,流泪时不能揉擦,可戴护目镜进行实验。

五、思考题

(1) 制备苯甲醇还有哪些方法?请写出反应方程式。

(2) 反应中加碱的目的是什么?

(3) 为什么在粗苯甲醇中要加亚硫酸氢钠?请写出反应方程式。

(4) 水解时,为什么要加入四乙基溴化铵?

实验 7-2 姜油的提取

一、实验目的

(1) 掌握水蒸气蒸馏法提取天然香料的操作。

(2) 熟悉姜油提取装置的安装。

二、实验原理

姜油(oil of ginger)是一种可食用的调味料,为淡黄色至黄色液体,具有生姜的芳香和持久的香气,具有温和、鲜木样的特异芳香辛辣口感。鲜姜经水蒸气蒸馏,20 h 后得油率为 0.15%～0.3%；干姜经水蒸气蒸馏，16～20 h 后得油率为 1.5%～2.5%。

水蒸气蒸馏是提取植物天然香料最常用的方法。姜油的芳香成分多数具有挥发性，可以随水蒸气逸出，冷凝后因其水溶性很低，易与水分离。

三、仪器与试剂

（1）仪器：回流冷凝管、恒压滴液漏斗、圆底烧瓶（250 mL）、电热套、回收瓶等。
（2）试剂：生姜、沸石。

四、实验步骤

称取生姜 60 g，洗净后先切成薄片，再切成小颗粒，放入 250 mL 的圆底烧瓶中，加水 80 mL 和沸石 2～3 粒。在烧瓶上装有恒压滴液漏斗，漏斗上装回流冷凝管，把漏斗下端的旋塞关闭，加热圆底烧瓶，使烧瓶内的水保持较猛烈的沸腾状态。水蒸气夹带着姜油蒸汽沿着恒压滴液漏斗的支管上升进入冷凝管。从冷凝管回收的冷凝水和姜油落下，被收集在恒压滴液漏斗中。冷凝液很快在漏斗中分离成油、水两相。每隔一段时间把漏斗的旋塞拧开，把下层的水放回到烧瓶中，姜油则留在漏斗内。如此重复多次，经 2～3 h 后，降温，把漏斗内下层的水尽量分离出来，余下的姜油则作为产物移入回收瓶中保存。

五、实验记录与数据处理

产品名称	水蒸气蒸馏时间/h	外观	产量/mL
姜油			

六、思考题

天然植物香料通常有哪些提取方法？

实验 7-3　香豆素的合成

一、实验目的

（1）掌握珀金反应制备香豆素的实验方法。
（2）掌握水蒸气蒸馏、重结晶等操作技术。

二、实验原理

香豆素是邻羟基肉桂酸内酯类成分的总称，最初是从黑香豆中发现的，故而得名。它们具有干草香气及巧克力气息，而且留香持久。香豆素作为香料，既可用于各种香精的配制，如薰衣草、紫罗兰、兰花等香精，也可用于糕点糖果的调味。最简单的香豆素可以看作是顺式邻羟基肉桂酸的内酯，分子式 $C_9H_6O_2$，它是以水杨醛和乙酸酐为原料，在弱碱（如醋酸钠、叔胺等）催化下经铂金反应、酸化及环化脱水而得：

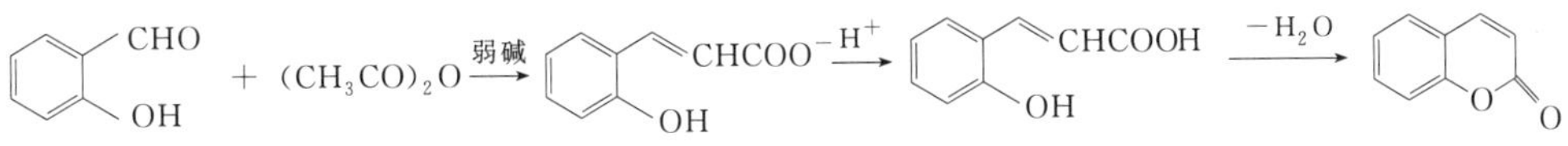

三、仪器与试剂

（1）仪器：圆底烧瓶（50 mL）、回流冷凝管、干燥管、三口烧瓶（250 mL）、电热套、水蒸气蒸馏装置、玻璃棒、水浴装置、烧杯、过滤装置、烘箱、托盘天平。

(2) 试剂：水杨醛 2.1 g（1.9 mL，0.017 mol）、醋酸酐 5.4 g（5 mL，0.053 mol）、三乙胺 1.5 g（2 mL，0.015 mol）、稀 $FeCl_3$ 溶液、碳酸氢钠、广泛 pH 试纸、20%盐酸、乙醇、沸石、活性炭。

四、实验步骤

在 50 mL 圆底烧瓶中，依次加入 1.9 mL 水杨醛、2 mL 三乙胺及 5 mL 醋酸酐，投入 2 粒沸石，配置回流冷凝管，冷凝管上连接氯化钙干燥管，将混合物加热回流 4 h。

回流结束后，将反应混合物趁热转入盛有 20 mL 水的 250 mL 三口烧瓶中，用少量热水冲洗反应瓶，以使反应物全部转入三口烧瓶中。然后进行水蒸气蒸馏，蒸除未反应完全的水杨醛。蒸馏至馏出液清亮时，再蒸馏一段时间，或取出馏出液少许用几滴稀 $FeCl_3$ 溶液检验，直到无显色反应，蒸馏即到终点。水蒸气蒸馏结束后，待蒸馏烧瓶中的剩余物稍稍冷却，在充分搅拌下，慢慢加入碳酸氢钠粉末，直到溶液呈弱碱性（pH=8），将烧瓶置入冰浴中使晶体析出。

如果无结晶析出，可投入一粒香豆素晶种或用玻璃棒在烧瓶壁上摩擦以诱使结晶析出。经过滤，用少许冷水洗涤，即得香豆素粗产品。

滤液中含有副产物邻乙酰氧基肉桂酸，可用 20%盐酸酸化，经过滤收集沉淀物，沉淀物可用水-乙醇混合溶剂重结晶，即得邻乙酰氧基肉桂酸，熔点 153～154 ℃。

香豆素粗品可用水重结晶：1 g 粗品加 200 mL 水，煮沸 15 min。稍冷，加入半勺活性炭，再沸煮 3 min 趁热过滤。将滤液转至烧杯中，投入 1～2 粒沸石，加热沸煮直到溶液体积剩下约 80 mL 为止。待溶液稍冷却后，将烧杯置入冰浴之中，使香豆素晶体充分析出，然后过滤、收集固体产品、干燥、称量、测熔点并计算产率。香豆素粗品也可用 1∶1 的乙醇-水溶液进行重结晶。香豆素为白色晶体，有香味，熔点 68～69 ℃。

【注释】

[1] 酚类化合物可以与 $FeCl_3$ 溶液形成显色配合物。

[2] 量取醋酸酐时要小心，若触及皮肤，应用大量水冲洗。

五、思考题

(1) 实验中三乙胺起什么作用，可否用其他化合物替代？试举例说明。

(2) 本实验有何副反应，如何分离副产物？

(3) 在水蒸气蒸馏过程依据什么原理来确定蒸馏终点？

实验 7-4　香豆素-3-羧酸的制备

一、实验目的

(1) 学习利用 Knoevenagel 反应制备香豆素的原理和实验方法。

(2) 了解酯水解法制羧酸。

(3) 练习回流与无水操作、结晶、抽滤、洗涤、重结晶等基本操作。

二、实验原理

本实验合成香豆素衍生物，即以水杨醛和丙二酸二乙酯在六氢吡啶存在下发生 Knoevenagel 缩合反应制得香豆素-3-羧酸酯，然后在碱性条件下水解制得香豆素-3-羧酸。

反应式为：

$$\underset{\text{OH}}{\overset{\text{CHO}}{\bigcirc}} \xrightarrow[\text{CH}_2(\text{COOC}_2\text{H}_5)_2]{\text{HN}\bigcirc} \underset{\text{O}}{\overset{\text{COOC}_2\text{H}_5}{\bigcirc\bigcirc}} \xrightarrow{\text{KOH}} \underset{\text{O}}{\overset{\text{COOK}}{\bigcirc\bigcirc}} \xrightarrow{\text{H}^+} \underset{\text{O}}{\overset{\text{COOH}}{\bigcirc\bigcirc}}$$

三、仪器与试剂

(1) 仪器：圆底烧瓶（25 mL）、电动搅拌器、回流冷凝管、托盘天平、烧杯、量筒、干燥管、滤纸、布氏漏斗、抽滤瓶等。

(2) 试剂：水杨醛、丙二酸二乙酯、无水乙醇、乙醇（25%、50%）、六氢吡啶、冰醋酸、浓盐酸、氢氧化钾。

四、实验步骤

在 25 mL 圆底烧瓶中依次加入 1 mL 水杨醛、1.2 mL 丙二酸二乙酯、5 mL 无水乙醇和 0.1 mL 六氢吡啶及一滴冰醋酸，在无水条件下搅拌回流 1.5 h，待反应物稍冷后拿掉干燥管，从冷凝管顶端加入约 6 mL 冷水，待结晶析出后抽滤并用 1 mL 被冰水冷却过的 50% 乙醇洗两次，粗品可用 25% 乙醇重结晶，干燥后得到香豆素-3-羧酸乙酯，熔点 93 ℃。

在 25 mL 圆底烧瓶中加入 0.8 g 香豆素-3-羧酸乙酯、0.6 g 氢氧化钾、4 mL 无水乙醇和 2 mL 水，加热回流约 15 min。趁热将反应产物倒入 20 mL 浓盐酸和 10 mL 水的混合物中，立即有白色结晶析出，冰浴冷却后过滤，用少量冰水洗涤，干燥后的粗品约 1.6 g，可用水重结晶，熔点 190 ℃（分解）。

【注释】

[1] 实验中除了加六氢吡啶外，还加入少量冰醋酸，反应很可能是水杨醛先与六氢吡啶在酸催化下形成亚胺化合物，然后再与丙二酸二乙酯的负离子反应。

[2] 用冰过的 50% 乙醇洗涤可以减少酯在乙醇中的溶解。

五、思考题

(1) 试写出用水杨醛制香豆素-3-羧酸的反应机理。

(2) 羧酸盐在酸化得羧酸沉淀析出的操作中应如何避免酸的损失，提高酸的产量？

实验 7-5　4-甲基-7-羟基香豆素的合成

一、实验目的

(1) 学习 Phechmann 法制备香豆素的原理。

(2) 掌握 4-甲基-7-羟基香豆素合成的实验操作方法。

二、实验原理

本实验在对甲苯磺酸催化下利用间苯二酚和乙酰乙酸乙酯反应合成香豆素衍生物。

$$\underset{\text{HO}\text{OH}}{\bigcirc} + \underset{}{\text{CH}_3\text{COCH}_2\text{COOC}_2\text{H}_5} \xrightarrow{\text{H}_3\text{C}-\bigcirc-\text{SO}_3\text{H}} \underset{\text{O}\text{O}}{\overset{\text{OH}}{\bigcirc\bigcirc}}$$

三、仪器与药品

(1) 仪器：圆底烧瓶（50 mL）、电动搅拌器、回流冷凝管、水浴装置、烧杯、滤纸、布氏漏斗、抽滤瓶、托盘天平等。

(2) 试剂：间苯二酚（2.2 g，0.02 mol）、乙酰乙酸乙酯 2.6 mL（2.6 g，0.02 mol）、对甲苯磺酸（0.1 g）、氢氧化钠溶液（10%）、2 mol/L 硫酸、乙醇。

四、实验步骤

在装有磁力搅拌子、回流冷凝管的 50 mL 干燥圆底烧瓶中加入 2.2 g（0.02 mol）间苯二酚、2.6 mL 乙酰乙酸乙酯、0.1 g 对甲苯磺酸，搅拌下水浴加热至 75 ℃，继续保温 2 h，将反应液倒入 15 mL 有碎冰的水中，析出沉淀，抽滤。用 10% 的氢氧化钠溶液溶解沉淀，再用 2 mol/L 的硫酸酸化至 pH=4，析出白色固体，抽滤，用 20 mL 3∶2 的乙醇-水溶液重结晶，得白色产品（熔点 184～186 ℃），称量，计算收率。

【注释】

[1] 反应停止，冷却后如果在反应瓶中直接析出固体，可以采取先抽滤，然后再用水洗涤的方法。

[2] 为了使固体快速溶解，可以先加入 12 mL 乙醇，加热使其溶解，然后趁热加入 8 mL 水，再冷却即可析出晶体。

五、思考题

试述 Phechmann 法制备香豆素的反应机理。

实验 7-6　α-环柠檬醛的制备

一、实验目的

(1) 掌握减压蒸馏等基本实验操作在活性中间体合成中的应用。
(2) 掌握在酸催化下双烯环化反应。
(3) 掌握在较低温度反应条件的控制及机械搅拌反应操作技巧。

二、实验原理

$$\text{柠檬醛} + \text{苯胺} \xrightarrow[\text{室温}]{Et_2O} \text{烯胺中间体} \xrightarrow[-5\sim-2\ ℃]{98\% H_2SO_4} \alpha\text{-环柠檬醛}$$

三、仪器与试剂

(1) 仪器：单口烧瓶（100 mL）、三口烧瓶（100 mL）、电动搅拌器、长颈漏斗、恒压滴液漏斗（100 mL）、玻璃棒、分液漏斗（250 mL）、薄层色谱板、色谱柱、锥形瓶、水浴装置、大烧杯等。

(2) 试剂：新蒸苯胺（减压蒸馏获得）、柠檬醛、无水乙醚、无水硫酸钠、浓硫酸、食盐、冰、氮气、乙酸乙酯、柱色谱硅胶若干、饱和碳酸钠溶液、饱和氯化钠溶液。

四、实验步骤

(1) 减压蒸馏苯胺。

(2) 烯胺的制备：称 7.6 g（9.1 mL）柠檬醛，量取 20 mL 无水乙醚加入 100 mL 单口烧瓶中，再加入新蒸的苯胺（4.65 g，4.75 mL）。在室温下搅拌 40 min，在搅拌过程中会出现浑浊，当出现浑浊时，加入少量无水硫酸钠，后变为淡黄色清亮溶液，放置（封好）。

(3) 在三口烧瓶中加入 20 mL 浓硫酸搅拌（在冰盐浴中），在冷却条件下加入 4 mL 水，同时通入氮气吹扫，当溶液温度降到 -5 ℃时，将上步反应制得的溶液用漏斗加入恒压滴液漏斗中，在 $-2 \sim -5$ ℃条件下，通过恒压滴液漏斗逐滴将其加入烧瓶中（注意滴加速度、控制温度）。反应过程中，温度不应高于 -2 ℃。滴加完毕，再反应 45 min，将反应液倒入大烧杯中（烧杯中盛有少量冰水），同时用玻璃棒搅拌（不应有大块固体）后转入分液漏斗，用乙酸乙酯萃取三次，取上层红棕色有机相合并，用饱和碳酸钠洗涤至中性，再用饱和氯化钠洗涤，在有机相加无水硫酸钠，干燥，用薄层色谱法点板，再进行硅胶柱色谱分离。

【注释】

[1] 烯胺的制备中，所得溶液必须是黄色清亮溶液。
[2] α-环柠檬醛的制备中，必须保持反应温度在 $-2 \sim -5$ ℃之间。
[3] 滴加烯胺溶液时速度要缓慢。
[4] 萃取时要遵循少量多次原则。
[5] 薄层色谱时要注意样品点加量及爬板高度。

五、思考题

(1) 在本实验中可能存在哪些副反应？如何尽可能减少这些副反应的发生？
(2) α-环柠檬醛有什么其他用途？举例说明。

实验 7-7　环缩酮香料的合成

一、实验目的

(1) 学习香料基本知识，了解环缩酮香料的发展及应用。
(2) 掌握环缩酮香料的合成原理及工艺过程。

二、实验原理

根据香气的不同和香气持久性的不同，环缩酮香料大体上可分为两种：一类是乙酰乙酸乙酯分别和乙二醇、1,2-丙二醇发生缩合反应，生成具有苹果、草莓、柑橘香气系列的缩酮，另一类是环己酮和二元醇缩合合成具有花香和木香、薄荷香气的环缩酮。环缩酮类香料属于羰基化合物与二元醇在酸性条件下缩合制得的产物。这一类化合物是近十几年来发展起来的新型香料，具有香气类型多，原料来源丰富，生产工艺简单，化学性质稳定，添加量少等特点。近年来，在日用香料和食用香料中均有广泛的用途，例如：酒类、软饮料、化妆品等的调香。据国内外资料报道，缩酮类香料已达到 200 多种，目前仅在食用香料上的缩酮就有 30 多种，而且新的缩酮类香料还在不断的开发。

利用环己酮和乙二醇反应可制得环缩酮，反应方程式如下：

$$\text{环己酮} + \begin{array}{c} H_2C-OH \\ | \\ H_2C-OH \end{array} \xrightleftharpoons{H^+} \text{环缩酮}$$

三、仪器与试剂

(1) 仪器：温度计、分水器、回流冷凝管、电动搅拌器、四口烧瓶（250 mL）、阿贝折射仪、蒸馏装置、电热套等。
(2) 试剂：环己酮、乙二醇、环己烷（带水剂）、大孔径阳离子交换树脂（催化剂）氯化铝。

四、实验步骤

在安装有温度计、分水器、回流冷凝管和电动搅拌器的 250 mL 四口烧瓶中加入环己酮（20.60 mL，0.2 mol）、乙二醇（16.73 mL，0.3 mol）、催化剂 1 g、带水剂 4 g，不断搅拌下加热回流反应，反应一定时间（约 0.75 h）至无水生成，冷却，滤出催化剂，改为蒸馏装置，回收带水剂，收集 174～180 ℃馏分，即得到产品，测折射率，计算产率。

【注释】

[1] 注意反应仪器要全部干燥，可以提高收率。

五、思考题

（1）合成缩酮的反应是哪种类型的反应？所用催化剂有哪些？

（2）反应过程中为什么要分出生成的水？常用带水剂有哪些？

（3）反应结束后为什么将催化剂滤出？

第8章 食品和饲料添加剂

8.1 食品和饲料添加剂及其分类

（1）食品添加剂

食品添加剂（food additive）指为改善食品或饲料品质、色、香、味以及为防腐保鲜和加工工艺的需要而加入的化学合成品或天然化学品。

食品添加剂按原料和生产方法可分为化学合成添加剂和天然食品添加剂。按用途的不同，可分为防腐剂、发色剂、抗氧化剂、酸味剂、漂白剂、凝固剂、增稠剂、疏松剂、消泡剂、甜味剂、品质改良剂、乳化剂、香料、抗结块剂、食品强化剂、着色剂及其他共十七类。

从食品添加剂的分类可以看出食品添加剂有着广泛的用途，可以说，没有添加剂就没有现代食品。但是，食品添加剂应该是对人体无害的物质。然而，有些食品添加剂，特别是化学合成食品添加剂，往往有一定的毒性，因此要严格控制使用量。

我国对食品添加剂及其使用要求如下。

① 必须经过严格的毒理鉴定，保证在规定使用量范围内对人体无害。

② 有严格的质量标准，其有害物质不得超过允许限量。

③ 进入人体后，能参与人体的正常代谢，或能够经过正常解毒过程而排出体外，或不被吸收而排出体外。

④ 用量少，效果明显，能真正提高食品的商品质量和内在质量。

⑤ 使用安全方便。

（2）饲料添加剂

饲料是能提供饲养动物所需养分，保证健康，促进生产和生长，且在合理使用下不发生有害作用的可饲物质。饲料添加剂（feed additive）是指在饲料加工、制作、使用过程中添加的少量或者微量物质，包括营养性饲料添加剂、一般性饲料添加剂和药物饲料添加剂。

营养性饲料添加剂主要用于补充饲料的营养；一般饲料添加剂用于保证或者改善饲料品质，促进饲养动物生产，保障饲养动物健康，提高饲料利用率；药物饲料添加剂用于预防动物疾病或影响动物某种生理、生化功能。

8.2 食品和饲料添加剂的发展方向

（1）食品添加剂的发展方向

① 积极倡导和开发天然、营养、多功能食品添加剂。

② 致力开发各种各样用途的食品添加剂。

③ 加强食品添加剂的标准化工作，限制一些不良品种的生产与使用。

（2）饲料添加剂的发展方向

① 标准化工作将得到加强，一些添加剂的使用将会被严格控制。
② 氨基酸、维生素生产的垄断还将继续。比如，蛋氨酸的生产主要集中在法国、德国和美国，约占世界产量的 90%。
③ 有机化微量矿物元素将得到较大发展，但前提是进一步降低其价格。
④ 酶制剂及生态制剂将继续发展，但酶制剂的使用温度应该得到提高。
⑤ 生物工程产品将因为价格的不断降低而得到更加广泛的应用。
⑥ 磷酸钙产品结构将有所调整，磷酸钙的产量将大大增加，而磷酸氢钙的产量将有所萎缩。
⑦ 饲料保存剂的复配化将得到进一步发展。
⑧ 世界范围内预混料生产的竞争将更加激烈。

实验 8-1　食品防腐剂——丙酸钙的合成

一、实验目的

（1）熟悉防腐剂丙酸钙的制备方法。
（2）掌握利用减压浓缩方法获得水溶性固体的操作。

二、实验原理

水溶性食品防腐剂丙酸钙是白色结晶，无臭，微溶于乙醇，易溶于水，虽其防腐作用较弱，但因为它是人体正常代谢中间物，故使用安全。丙酸钙主要用于面包和糕点的防霉。

将丙酸与氧化钙或碳酸钙反应即可得丙酸钙，反应如下：

$$CaO + H_2O \longrightarrow Ca(OH)_2$$

$$2CH_3CH_2COOH + Ca(OH)_2 \longrightarrow (CH_3CH_2COO)_2Ca + 2H_2O$$

三、仪器与试剂

（1）仪器：电动搅拌器、回流冷凝管、滴液漏斗、三口烧瓶（100 mL）、单口圆底烧瓶（100 mL）、温度计、水浴锅、滤纸、布氏漏斗、抽滤瓶、减压蒸馏装置、烘箱。
（2）试剂：丙酸、氧化钙。

四、实验步骤

在装有搅拌器、回流冷凝管和滴液漏斗的 100 mL 三口烧瓶中，加入 6 mL 蒸馏水和 5.6 g（0.1 mol）氧化钙，搅拌使反应完全，然后在搅拌下由滴液漏斗缓慢滴加 15 g（0.2 mol）丙酸。滴加完毕，取下滴液漏斗并装上温度计，温度计下端没入液面。升温到 80~100 ℃并保温反应 3~3.5 h（当反应液 pH 值为 7~8 时即为反应终点）。趁热过滤，得到丙酸钙水溶液。将丙酸钙水溶液移入圆底烧瓶中并组成减压蒸馏装置，加热减压浓缩到有大量细小晶粒析出为止，冷却，抽滤，烘干，得到白色结晶的丙酸钙。

【注释】
［1］丙酸的滴加速度要缓慢。
［2］称取丙酸时如不小心溅到皮肤上要快速用水冲洗。

五、思考题

反应的终点如何控制？

实验 8-2　对羟基苯甲酸正丁酯的合成

一、实验目的
(1) 学习对羟基苯甲酸正丁酯的制备方法。
(2) 学习酯化方法、分水器的使用及抽滤等操作。

二、实验原理
对羟基苯甲酸正丁酯又称为尼泊丁酯，稍有涩味，为无色或白色晶体粉末，无臭，熔点 69~72 ℃。难溶于水，易溶于乙醇、丙酮、乙醚等。其抗菌能力优于对羟基苯甲酸正乙酯和对羟基苯甲酸正丙酯，对酵母及霉菌有强烈的抑制作用。它可以用于酱油、食醋、水果调味酱、蔬菜的防腐。通常最大值为 0.35 g/L。

以对羟基苯甲酸为原料，与正丁醇在硫酸存在下反应可制备对羟基苯甲酸正丁酯。

$$HO-\!\!\!\!\bigcirc\!\!\!\!-COOH \xrightarrow[H_2SO_4]{n\text{-}C_4H_9OH} HO-\!\!\!\!\bigcirc\!\!\!\!-COOC_4H_9 + H_2O$$

三、仪器与试剂
(1) 仪器：三口烧瓶（100 mL）、电动搅拌器、球形冷凝管、温度计（0~200 ℃）、分水器、布氏漏斗、滤纸、抽滤瓶、加热装置、烘箱、托盘天平。
(2) 试剂：对羟基苯甲酸、正丁醇、苯、浓硫酸、氢氧化钠溶液（5%）、碳酸钠溶液（10%）、pH 试纸。

四、实验步骤
(1) 粗产品对羟基苯甲酸正丁酯的制备

在装有搅拌器、球形冷凝管、分水器及温度计的 100 mL 三口烧瓶中加入 13.9 g (0.1 mol) 对羟基苯甲酸、26 g (0.35 mol) 正丁醇、7 g (0.1 mol) 苯和 0.15 g (0.0015 mol) 浓硫酸。将混合物在搅拌下加热回流 1 h 后，冷却。回收（蒸馏）过量的正丁醇和苯。

(2) 产品精制

将反应液用质量分数为 5% 的氢氧化钠溶液调节 pH 为 6。在析出晶体后加入质量分数为 10% 的碳酸钠溶液，使 pH 值为 7~8。抽滤，水洗至中性。在 40 ℃ 下干燥，得到白色对羟基苯甲酸正丁酯晶体，称量，计算产率。

【注释】
[1] 根据理论计算应该生成水的量，确定在分水器中装入水的量。在分水器中水在下层，要及时排出分水器中过多的水。
[2] 产品干燥温度不宜过高，否则产品会熔化。
[3] 过量的正丁醇、苯必须回收到指定的容器中。
[4] 为得到纯的产品，可以用乙醇重结晶。

五、思考题
(1) 理论上应该生成多少毫升水？
(2) 反应液用 5% 的氢氧化钠溶液处理的目的是什么？
(3) 为什么要通过共沸脱水法除去反应体系中的水？

实验 8-3　多功能食品添加剂 D-葡萄糖酸-δ-内酯

一、实验目的
(1) 了解 D-葡萄糖酸-δ-内酯的制备、性质和用途。
(2) 掌握减压浓缩和细粒结晶的过滤操作。

二、实验原理
D-葡萄糖酸-δ-内酯（简称葡萄糖酸内酯）是以葡萄糖为原料合成的多功能食品添加剂。葡萄糖酸内酯无毒，使用安全，主要用作牛奶蛋白和大豆蛋白的凝固剂。例如，用它制作的豆腐保水性好，细腻滑嫩可口。加入鱼、禽畜的肉中作保鲜剂，可使其外观保持光泽和肉质保持弹性。它又是色素稳定剂，使午餐肉和香肠等肉制品色泽鲜艳。它还可作为疏松剂用于糕点面包，可改善口感和风味。此外它还是酸味剂。

本实验以市售的葡萄糖酸钙为原料，用草酸脱钙生成葡萄糖酸，浓缩结晶得到内酯。

三、仪器与试剂
(1) 仪器：烧杯（200 mL）、圆底烧瓶（100 mL）、减压蒸馏装置、电动搅拌器、温度计、布氏漏斗、滤纸、抽滤瓶、加热装置等。
(2) 试剂：葡萄糖酸钙（≥95%）、二水合草酸（≥98%）、D-葡萄糖酸-δ-内酯（做晶种用，要求高纯度）、助滤剂（可选用硅藻土或微晶纤维素）、乙醇（95%）。

四、实验步骤
200 mL 烧杯中加入 35 mL 水，加热至 60 ℃ 左右，搅拌下慢慢加入由 30 g（0.07 mol）葡萄糖酸钙和 9 g（0.071 mol）二水合草酸组成的混合物，加料完毕，在 60 ℃ 保温搅拌反应 2 h。加入 2 g 硅藻土搅拌，趁热抽滤，滤渣用适量的 60 ℃ 的热水洗涤两次，抽滤，合并滤液和洗涤液。

将此水溶液移入圆底烧瓶中并组成减压蒸馏装置，在不超过 45 ℃ 的温度下减压浓缩，直至剩余约 15～20 mL 时暂停浓缩。加入 2 g D-葡萄糖酸-δ-内酯晶种，继续减压浓缩至瓶内出现大量细小晶粒为止，物料在 0～20 ℃ 下静置结晶，抽滤，用 20 mL 95% 的乙醇洗涤晶体，抽干，在不高于 40 ℃ 的温度下真空干燥得到产物。结晶后的母液仍含有内酯，可按上述方法重复操作得到第二批产物，共约 16～18 g，产率 64%～72%。实验时间约 5 h（不含静置结晶所需时间）。

产品的简单检验：纯净的 D-葡萄糖酸-δ-内酯为白色粉状结晶，有甜味，熔点 150～152 ℃，不溶于乙醇、乙醚和氯仿，溶于水且被水解为 D-葡萄糖酸产品，纯度可用测熔点的方法进行验证。

【注释】
[1] 反应产生的草酸钙沉淀颗粒很细，过滤困难，加入助滤剂硅藻土能加速过滤。

[2] 在较高温度下,葡萄糖酸及其内酯可能会发生其他变化,影响产品的质量和产率。
[3] 葡萄糖酸内酯在水中结晶比较困难,加入晶种可加速结晶。
[4] 最好能缓慢降温静置过夜,使晶体粗大和结晶完全。
[5] 由于内酯在水中溶解度较大且结晶困难,所以产率不稳定。

五、思考题

(1) 影响 D-葡萄糖酸-δ-内酯收率的因素有哪些?
(2) 在重结晶操作中应该注意哪些问题?

实验 8-4　食品防腐剂山梨酸钾的制备

一、实验目的

(1) 学习山梨酸钾的性质和用途。
(2) 掌握山梨酸钾制备的原理和方法。

二、实验原理

山梨酸钾(potassium sorbate)学名 2,4-己二烯酸钾,结构式 $CH_3CH=CHCH=CHCOOK$,分子式 $C_6H_7KO_2$,是一种不饱和的单羧基脂肪酸,呈无色或白色鳞片状结晶或粉末。在空气中不稳定,能被氧化着色,有吸湿性,约 270 ℃ 分解。易溶于水,溶于乙醇。用作食品防腐剂,可用于肉、鱼、蛋、禽类制品,果蔬保鲜,饮料、果冻、软糖、糕点等。我国规定最大使用量为 0.5~2 g/kg。山梨酸的合成工艺路线有四种,实验室采用以巴豆醛和丙二酸为原料制备:

$$CH_3CH=CHCHO+CH_2(COOH)_2 \xrightarrow[90\sim100\ ℃]{吡啶} CH_3CH=CHCH=CHCOOH$$

制得的山梨酸再与氢氧化钾反应,制得山梨酸钾。

$$CH_3CH=CHCH=CHCOOH+KOH \longrightarrow CH_3CH=CHCH=CHCOOK+H_2O$$

三、仪器与试剂

(1) 仪器:四口烧瓶(250 mL)、烧杯、抽滤瓶(500 mL)、滤纸、布氏漏斗、温度计(0~100 ℃)、量筒(100 mL)、电动搅拌器、电热套、冰水浴、精密 pH 试纸。
(2) 试剂:巴豆醛、丙二酸、吡啶、稀硫酸、乙醇、氢氧化钾等。

四、实验内容

向四口烧瓶中依次加入 35 g 巴豆醛、50 g 丙二酸和 5 g 吡啶,室温搅拌 20 min,待丙二酸溶解后,缓慢升温至 90 ℃,反应 3~4 h。用冰水浴降温至 10 ℃ 以下,缓慢加入质量分数为 10% 稀硫酸,控制温度不高于 20 ℃,至反应物 pH 约为 4~5,冷冻过夜,抽滤,结晶用 50 mL 冰水分两次洗涤、结晶,得山梨酸粗品。将粗品山梨酸倒入烧杯中,用 3~4 倍的质量分数为 60% 的乙醇重结晶。抽滤得精品山梨酸。将山梨酸倒入烧杯中,加入等物质的量的 KOH 和少量水,搅拌 30 min,产物浓缩,95 ℃ 烘干,得白色山梨酸钾结晶。

【注释】
[1] 吡啶气味较大,使用时注意安全,建议在通风橱操作。

五、思考题

(1) 影响山梨酸钾收率的因素有哪些?

(2) 山梨酸钾还有什么应用？试举例说明。

实验 8-5　富马酸二甲酯的合成

一、实验目的

(1) 掌握富马酸二甲酯的合成原理以及工艺路线。
(2) 了解富马酸二甲酯作为食品防腐剂的各种性能。

二、实验原理

富马酸二甲酯（dimethyl fumarate，DMF）是一种新的食品防腐剂，具有高效、低毒、广谱、pH 值应用范围广泛等特点，是一种具有熏蒸作用的气氛型防霉剂。研究表明富马酸二甲酯对霉菌的抑杀效果和防霉作用性能均优于丙酸盐、山梨酸及苯甲酸等通用防霉剂。目前，世界上应用的防腐剂有 50 余种，常用的有机防腐剂有苯甲酸钠、山梨酸及其盐、对羟基苯磺酸酯、丙酸及其盐类。富马酸二甲酯是当今食品工业被世界卫生组织批准公认的新型食品防腐剂。

本实验采用富马酸与甲醇直接酯化合成富马酸二甲酯：

$$\underset{\text{HOOC}}{\overset{\text{H}}{\text{C}}}=\underset{\text{H}}{\overset{\text{COOH}}{\text{C}}} + 2CH_3OH \longrightarrow \underset{H_3COOC}{\overset{H}{C}}=\underset{H}{\overset{COOCH_3}{C}} + 2H_2O$$

三、仪器与试剂

(1) 仪器：三口烧瓶（100 mL）、电动搅拌器、温度计、球形冷凝管、滤纸、漏斗、电热套、蒸馏装置等。
(2) 试剂：富马酸、甲醇、浓硫酸、氢氧化钠。

四、实验步骤

在装有电动搅拌器、温度计及球形冷凝管的 100 mL 三口烧瓶中加入 7.5 g 富马酸、30 mL 甲醇搅拌，升温至回流，滴加 2 mL 浓硫酸，保持回流状态反应 6 h。

改装成蒸馏装置，蒸出大部分甲醇，趁热倒入 25 mL 冷水中，立即析出大量晶体，用 30% 的 NaOH 溶液中和至 pH=7，冷却过滤水洗 2~3 次，干燥，得 DMF 粗品。称量，计算收率。

【注释】
[1] 浓硫酸具有强腐蚀性，使用时注意安全。
[2] 蒸馏操作时不要忘记加入几粒沸石，以免发生危险。

五、思考题

(1) 酯化反应中影响产物收率的因素有哪些？
(2) 酯化反应中，水的脱除有利于酯的形成，本实验中，可否采用带水剂脱水？

实验 8-6　食品添加剂香草醛的制备

一、实验目的

(1) 掌握改良的 Reimer-Teimann 反应在合成中的应用。

(2) 掌握加热回流反应的基本操作。
(3) 掌握水汽蒸馏法的分离操作。

二、实验原理

香草醛，也叫香兰素，化学名为 3-甲氧基-4-羟基苯甲醛，是从芸香科植物香荚兰豆中提取的一种有机化合物，具有香荚兰豆香气及浓郁的奶香，起增香和定香作用，广泛用于糕点、糖果以及烘烤食品等行业。

本实验通过改进的 Reimer-Teimann 反应，用 2-甲氧基苯酚和氯仿合成香草醛，其机理是氯仿在氢氧化钠中作用生成二氯卡宾，然后再与苯酚负离子反应，得到的产物在酸性条件下水解，得到香茅醛。

反应式：

$$\text{邻甲氧基苯酚} + CHCl_3 \xrightarrow[\triangle]{NaOH, Et_3N} \xrightarrow{H^+} \text{香草醛}$$

三、仪器与试剂

(1) 仪器：电动搅拌器、球形冷凝管、恒压滴液漏斗 (100 mL)、分液漏斗 (250 mL)、三口烧瓶 (100 mL)、布氏漏斗、滤纸、水蒸气蒸馏装置、红外光谱仪、电子天平、抽滤瓶、温度计、电热套、水浴装置。

(2) 试剂：取代酚（如邻甲氧基苯酚）、氯仿、乙醚、盐酸、三乙胺、无水乙醇、NaOH、无水 Na_2SO_4。

四、实验步骤

在装有电动搅拌器、球形冷凝管和滴液漏斗的 100 mL 三口烧瓶中，加入邻甲氧基苯酚 3.1 g (0.025 mol)、乙醇 12 mL 和氢氧化钠 4 g (0.1 mol)，并加入 0.2 mL（邻甲氧基苯酚质量的 0.5%）三乙胺作相转移催化剂。开动搅拌器，缓缓加热至回流。于 80 ℃ 左右滴加 2.5 mL (0.031 mol) 氯仿，在 20 min 内滴完。然后于微沸下继续搅拌 1 h。

向反应混合物小心滴加 1 mol/L 盐酸水溶液至中性。抽滤除去 NaCl 固体，用约 10 mL 乙醇分两次洗涤滤渣。收集滤液，经水蒸气蒸馏蒸出三乙胺、氯仿和 2-羟基-3-甲氧基苯甲醛（异香草醛），至无油珠出现为止。剩余的反应液每次用 10 mL 乙醚萃取两次，合并萃取液，用无水硫酸钠干燥。滤去干燥剂后，水浴蒸除乙醚，得香草醛白色固体产物，产量约 2.8 g (76%)。粗产物进一步可用乙醇重结晶，样品用红外光谱表征结构，指出各主要吸收峰的归属。纯的香草醛的熔点为 81~83 ℃。

【注释】

[1] 本实验中注意三乙胺的加入量。
[2] 注意控制反应温度在 80 ℃ 以下。

五、思考题

(1) 本实验影响香草醛收率的因素有哪些？
(2) 香草醛有什么其他用途？举例说明。

实验 8-7　果胶的制备

一、实验目标
(1) 了解果胶的结构。
(2) 掌握果胶的提取及分析方法。

二、实验原理
果胶为白色或浅黄色粉末，微甜且稍带酸味，无固定的熔点，能溶于 20 倍水中呈稠状液体，但不溶于乙醇等有机溶剂，在酸性条件下结构稳定，在强碱性条件下易分解。自然界中果胶以不溶于水的果胶原的形式存在于植物中。其中以柑橘皮、苹果皮、西瓜皮、向日葵花盘、针叶松皮、蚕沙等含量较高，特别是柑橘皮中果胶的含量达 10%～30%。

果胶最重要的特性是具有胶凝性，这在食品工业中和医药行业中有重要意义。果胶在食品工业中是制造果酱、果冻的稳定剂，软糖、酸奶等饮料的乳化剂；在医药工业中，果胶可用来制造轻泻剂、止血剂、毒性金属解毒剂、血浆代用品等；在纺织工业中可代替淀粉并且不需要其他辅助剂；可代替琼脂用于化妆品的生产等。

它的结构式为：

$$\left[\text{结构式}\right]_n$$

在水果蔬菜中，尤其在未成熟水果的果皮中，果胶多数以原果胶形式存在，原果胶是以金属离子桥（特别是钙离子）与多聚半乳糖醛酸中的游离羧基结合形成的。原果胶不溶于水，因而提取可溶性的果胶需要用酸水解。从柑橘皮中提取的果胶是高酯化度的果胶，酯化度在 70% 以上。

三、仪器与试剂
(1) 仪器：电热套、电动搅拌器、减压蒸馏装置、布氏漏斗、滤纸、滤布、抽滤瓶、烧杯、水浴装置、电子天平、容量瓶、移液管、烘箱、温度计、pH 试纸、筛子（80～100 目）。

(2) 试剂：橘皮、氢氧化钠溶液（0.1 mol/L）、醋酸溶液（1 mol/L）、氯化钙溶液（1 mol/L）、盐酸、乙醇溶液（95%）等。

四、实验步骤
(1) 果胶的制备

称取 200 g 去蒂的橘皮，用水清洗干净，晾干后压榨出橘油，再用水淘洗 2～3 次，去掉橘油。把去掉橘油的橘皮挤干，放在 2000 mL 烧杯中加水 700 mL，在 95～100 ℃下用水浴加热 5～10 min，稍冷后用清水漂洗、挤干。

在橘皮中加水 800 mL，用盐酸溶液调节溶液的 pH 值在 2 左右，在 90～100 ℃下水浴加热，浸取 30 min，趁热过滤。由于大量的细小柑橘皮渣过滤困难，因此可先用滤布或白的确良布粗滤一次。将所得的浅黄色滤液在 600～700 mmHg 真空度下浓缩至 300 mL 左右，得到浅黄色黏稠果胶液体。

将浓缩后的果胶冷却,然后以多股细线状均匀流入等体积95%乙醇溶液中,充分搅拌,使果胶沉淀完全。静置2~3 h后过滤。滤液不要弃去,蒸馏后回收乙醇可继续使用。滤饼用95%乙醇溶液洗涤2~3次,洗涤后的果胶在40~50 ℃下干燥,然后粉碎,并用80~100目的筛子过筛。

(2) 果胶的精制

称取果胶0.5 g(准确到0.0001 g)于250 mL烧杯中,加入150 mL水煮沸1 h(煮沸过程中应不断加水,使其体积不变)溶解,然后移入250 mL容量瓶中,并稀释至刻度线。用移液管取此液25 mL于500 mL烧杯中,加入0.1 mol/L的氢氧化钠溶液100 mL,放置30 min,再加入1 mol/L的醋酸溶液50 mL,5 min后加入50 mL的1 mol/L氯化钙溶液,放置1 h。加热煮沸5 min,立即趁热过滤,并用热蒸馏水洗涤至无Cl^-(过滤用的滤纸应在105 ℃下烘干至恒重)。将沉淀于105 ℃下烘干至恒重,称重。

【注释】

[1] 果胶如用作食品添加剂,还应按国家标准进行胶凝度、干燥失重、灰分、pH值、砷及重金属含量等项指标的检测。

五、思考题

果胶有什么用途?举例说明。

第 9 章 日用化学品

日用化工是日用化学工业产品（house hold and personal care chemical industry）的简称，或称日用化学品，是指生产人们在日常生活中所需要的化学产品的工业，又简称为日化。

列入中国化学工业年鉴、单独统计产量（产值）的日用化学品主要有合成洗涤剂、肥皂、香精、香料、化妆品、牙膏、油墨、火柴、干电池、烷基苯、二磷酸五钠、三胶（骨胶、明胶、皮胶）、甘油、硬脂酸、感光材料（感光胶片、感光纸）等。

日用化工以其技术密集、附加值高、品种繁多和多学科交叉的特点，成为化学工程（特别是轻化学工程）的重要组成部分。现代日用化工的产品已不再是简单的精细化工产品，而是依托化学工程、分离工程、生物工程、物理化学、生理学、医学、药学、流变学、美学、色彩学、心理学、包装学等领域高新技术成果发展起来的多学科交叉的高新技术产业。

日用化工是研究化妆品配方组成和原理、制造工艺、产品和原材料性能及其评价、安全使用产品质量管理和有关法规的综合性学科。它又是集化学、医学、药学、皮肤科学、生物化学、物理化学、化学工艺学、流变学、美学、色彩学、生理学、心理学、管理学和法律学等相关科学于一身的应用学科。化妆品应具有安全性、稳定性、使用舒适性和有效性等基本特性。

实验 9-1　洗发水的制备

一、实验目的

了解洗发水的配制原理和方法。

二、实验原理

洗发水的主要功能是洗净黏附于头发和头皮上的污垢和头屑等，以保持清洁。在洗发水中对主要功能（洗涤）起作用的是表面活性剂。除此之外，为改善洗发水的性能，配方中还会加入各种特殊添加剂。因此，洗发水的成分可分为：洗涤剂、添加剂和辅助洗涤剂（表 9-1）。

表 9-1　洗发水组成

组成	具体组成	具体成分	功能
洗涤剂	阴离子表面活性剂	AES、AESA、$K_{12}A$、MAPK、MES	起泡、去污
	阳离子表面活性剂	烷醇酰胺（6501）、甜菜碱（CAB、CHS、BS-12）、氧化胺、季铵盐	降低刺激性,改善洗发水的洗涤性和调理性
	两性表面活性剂		
添加剂	阳离子表面活性剂		易在头发表面吸附形成保护膜，能赋予头发光滑、光泽和柔软性，使头发易梳理、抗静电
	阳离子聚合物	聚季铵盐、阳离子纤维素聚合物、阳离子瓜尔胶、阳离子高分子迪恩普、高分子阳离子蛋白肽	抗静电、杀菌、使头发柔软,赋予头发光泽、蓬松感

续表

组成	具体组成	具体成分	功能
添加剂	润滑剂	有机硅	改善头发的湿梳理性和干梳理性，赋予头发抗静电性、润滑性和柔软性、光泽性等，对受损头发有修复作用，防止头发开叉
	保湿剂	甘油、丙二醇、山梨醇、聚乙二醇和吡咯烷酮羧酸钠	保持头发合适水分，避免头发由于干燥而变脆
	护发、养发营养添加剂	维生素E、维生素B_5、丝肽、水解蛋白、人参、当归、芦荟、何首乌、啤酒花、沙棘、茶皂素等的提取液	护发、养发
辅助洗涤剂	增稠剂和增泡剂	无机增稠剂：氯化钠、氯化铵、硫酸钠 有机增稠剂：聚乙二醇、卡波树脂、聚乙烯吡咯烷酮 增泡剂：烷醇酰胺、氧化胺和甜菜碱型	增加洗发水的稠度，获得理想的使用性能，提高洗发水的稳定性等
	去屑止痒剂	吡啶硫酮锌（ZPT）	延缓头发衰老，减少脱发和产生白发
	螯合剂	柠檬酸、酒石酸、EDTA	防止在硬水中洗发时生成钙、镁皂而黏附在头发上，影响去污力和洗后头发的光泽
	遮光剂	珠光剂	提高价格
	澄清剂	壬基酚聚氧乙烯醚和多元醇如甘油、丙二醇、丁二醇或山梨醇	保持或提高透明洗发水的透明度
	酸化剂	柠檬酸、酒石酸、磷酸以及硼酸、乳酸	
	防腐剂	尼泊金酯类、凯松等	防腐
	色素、香精		掩盖不愉快的气味，赋予制品愉快的香味，且洗后使头发留有芳香

注：代号具体名称见配方设计。

洗发水的种类很多，其配方结构也多种多样。按形态分有液状、膏状、粉状等；按功效分有普通洗发水、调理洗发水、去屑止痒洗发水、儿童洗发水以及洗染洗发水等；按照发质不同，洗发水的品种有供油性、中性或干性头发使用的规格。目前，不论是液状洗发水，还是膏状洗发乳，都在向洗发、护发、调理、去屑止痒等多功能方向发展。

洗发水的配方设计要关注以下几点。

① 洗涤力和发泡力　洗发水需要一定的去污力，但去污力和脱脂性是成正比变化的，过高的去污力不但浪费原料，而且对皮肤和头发都没有好处。所以越高档的洗发水越要选择低刺激性的表面活性剂。通常洗发水中活性剂含量约为15%～20%，婴儿洗发水可酌减。

洗发水必须具有一定类型和一定量的稳定泡沫，需要加入起泡剂和稳泡剂。非离子表面活性剂由于泡沫少，一般很少用于洗发水中。

② 黏度　洗发水制作中需将洗发水调整到一定黏度，可使用前述的增稠剂。但并不是说黏度越大越好，黏度太大时会使洗发水成果冻状，特别是含盐量较大的洗发水，在冬季时果冻现象特别明显。如果需要降低黏度，可使用降黏剂，如丙二醇、乙二醇和水溶性硅油DC-193等。

③ 润发和保湿　洗发水和其他洗涤剂不同，洗发水对头发有更好的修饰效果，因此需加入润发剂（如前所述）。但值得注意的是，油性物质是引起洗发水分层的主要原因，必须经过试验确定配方稳定性。

欲使头发柔软，除了加入油脂外，水分也很重要，可以防止头发发脆。甘油等保湿剂具有保留水分和减少水分挥发的特性，加入洗发水中能使头发保持水分而柔软顺服。

另外，洗发水应具有一定的抗硬水性能，需加入金属离子螯合剂。为保持洗发水 pH=7 左右，应加入适量 pH 值调节剂等。

透明液状洗发水具有外观透明、泡沫丰富、易于清洗等特点，在整个洗发水市场上占有很大比例。但由于要保持洗发水的透明度，在原料的选用上受到很大限制，通常以选用浊点较低的原料为原则，以便产品即使在低温时仍能保持透明清晰，不出现沉淀、分层等现象。

本实验进行透明液状洗发水的配制。

三、实验步骤

(1) 透明液状洗发水的配方

配方如表 9-2 所示。

表 9-2　透明液状洗发水配方

原料	质量份
脂肪醇聚氧乙烯醚硫酸盐[AES(70%)]	12
十二烷基硫酸铵[$K_{12}A$(70%)]	5
椰子油脂肪酸二乙醇酰胺(6501)	4
椰油酰胺丙基甜菜碱(CAB-35)	4
阳离子瓜尔胶	0.1
硼砂	0.1
EDTA	0.1
柠檬酸	0.08
氯化钠	适量
香精、防腐剂	适量
去离子水	75

(2) 制备方法

在 250 mL 的烧杯 A 中加入 0.2 g 阳离子瓜尔胶、120 g 去离子水，然后升温至 70 ℃，用玻棒搅拌溶解至透明；烧杯 B 中加入 AES、$K_{12}A$、6501、CAB-35、硼砂、EDTA、香精和防腐剂；烧杯 A 趁热加入烧杯 B 中，并用玻棒搅拌，再移至四口烧瓶；70 ℃下，搅拌溶液至透明为止；降温至 40 ℃，然后用 50% 的柠檬酸溶液调节 pH=7；3 g 氯化钠用 30 g 的去离子水溶解，加入烧瓶，调节黏度在 2000～10000 cP。出料，用塑料瓶密封包装。

四、思考题

(1) 如何评价洗发水的性能?
(2) 试说明配方中各组分的功能?
(3) 为什么要调节体系的 pH=7?

实验 9-2　乙二醇硬脂酸酯类珠光剂的合成

一、实验目的

(1) 掌握乙二醇硬脂酸酯的合成方法。
(2) 了解乙二醇硬脂酸酯的性质及用途。
(3) 掌握酸值的测定方法。

二、实验原理

(1) 主要性质和用途

乙二醇硬脂酸酯主要用作洗发水的珠光剂,同时它对头发也有一定的调理作用。珠光是乙二醇硬脂酸酯在适当条件下形成的细小片状结晶产生的。产品的珠光效果不仅与加入量有关,而且与操作过程有关,在 60 ℃ 左右,减慢降温过程有助于形成较大的晶体。乙二醇单硬脂酸酯和双硬脂酸酯都能产生很好的珠光,因此,目前市场上这两种产品都作为珠光剂出售。乙二醇双硬脂酸酯是白色或淡黄色蜡状固体,凝固点在 60~70 ℃,乙二醇单硬脂酸酯的凝固点在 55~65 ℃。工业品乙二醇硬脂酸酯是单硬脂酸和双硬脂酸酯的混合物,区别只是哪一组分含量更高一些而已。

(2) 合成原理

酯的合成方法很多,乙二醇硬脂酸酯可以方便地由乙二醇和硬脂酸在酸催化下直接合成。由于是可逆反应,并且使用的醇、酸及产品的沸点都比水高得多,所以在反应过程中,可不断将生产的水排出反应体系而加快反应进程,提高反应转化率。

乙二醇是二元醇,因此,在乙二醇与酸近似等物质的量投料时,产物中的乙二醇单、双酯的摩尔比近似 2:1,反应方程式为:

$$C_{17}H_{35}COOH + HOCH_2CH_2OH \xrightarrow{H^+} C_{17}H_{35}COOCH_2CH_2OH + C_{17}H_{35}COOCH_2CH_2OOC_{17}H_{35}$$

(3) 酸值测定

采用浓度为 0.2 mol/L 氢氧化钾(或氢氧化钠标准溶液)做标定溶液,测定时准确称取样品 1.0 g 放入锥形瓶中,加入 95% 中性乙醇溶液 20 mL 和 3~4 滴酚酞指示剂,加热使其溶解后保温情况下用氢氧化钾溶液(或氢氧化钠标准溶液)滴定至微红,并维持 30 s 不褪色即为终点。

每个样品平行测定 3 次,求其平均值,然后计算酸值和酸的转化率。

$$\text{酸值}(\text{mg KOH/g}) = c \times V \times 56.11/m$$

式中　V——耗用氢氧化钾(或氢氧化钠)标准溶液的体积,mL;
　　　c——氢氧化钾(或氢氧化钠)标准溶液的浓度;
　　　m——样品质量,g;
　　　56.11——氢氧化钾的分子量。

$$\text{酯的转化率} = \frac{\text{初始酸值} - \text{终点酸值}}{\text{初始酸值}}$$

三、仪器与试剂

（1）仪器：三口烧瓶（100 mL）、锥形瓶、分水器、球形冷凝管、温度计、电动搅拌器、滴管、电热套、减压蒸馏装置、pH试纸、抽滤瓶、滤纸、布氏漏斗。

（2）试剂：硬脂酸、乙二醇、对甲苯磺酸、环己烷。

四、实验内容

在装有温度计、分水器、球形冷凝管的 100 mL 三口烧瓶中依次加入 20 g 硬脂酸、13.1 g（11.8 mL）乙二醇、1.0 g 对甲苯磺酸、8 mL 环己烷，混合均匀，用调温电热套加热，待物料熔化后（用滴管移取约 1 g 的物料于锥形瓶，测初始酸值），开动搅拌器，回流分水 3 h，反应结束后（用滴管移取约 1.0 g 的物料于锥形瓶，测终点酸值）。将回流分水装置改为减压蒸馏装置，回收过量带水剂和乙二醇，然后将浓缩液注入冰水（冷水）中，搅拌至晶体完全析出，抽滤，水洗，得白色固体，干燥至恒重，测熔点，计算硬脂酸的转化率。

五、思考题

（1）乙二醇硬脂酸酯还有哪些合成路线和合成方法？

（2）乙二醇硬脂酸酯可以用于哪些产品配方？在配方中的主要作用是什么？

实验 9-3 沐浴露的制备

一、实验目的

掌握沐浴露的配制原理和方法。

二、实验原理

沐浴用品（bath products）是用于清洁皮肤，并具有一定护肤作用的化妆品，目前比较流行的沐浴用品主要有泡沫浴用沐浴液和淋浴用沐浴液。淋浴用沐浴液（shower cleaner）亦称沐浴露，是由多种表面活性剂和调理剂调制而成的液态洁身护肤品，沐浴液与液体洗发水有许多相似之处，外观为黏稠状液体。对皮肤、头发均有洗净去污能力，浴液中常添加对皮肤有滋润、保温和清凉止痒作用的成分，是近年发展较快的浴用制品，具有使用方便、卫生和多功能等特点。随着市场需求的发展，配方和产品种类不断更新。面对市场的激烈竞争，沐浴液正朝着温和、易清洗、泡沫丰富、肤感好、香气宜人等方向发展。

沐浴液的主要组分有表面活性剂、保湿剂、调理剂和营养添加剂等，辅助成分常添加珠光剂、防腐剂、香精和色素等。

（1）表面活性剂

主要表面活性剂是阴离子表面活性剂，起起泡和清洁作用，如 AESA、AES、K_{12}、$K_{12}A$、MAPK、AOS、皂基等。辅助表面活性剂是两性离子表面活性剂和非离子表面活性剂，起增泡、稳泡和增稠作用，如 CAB、CHS、6501、氧化胺等。

（2）pH 值调节剂

表面活性剂型沐浴液的 pH 值范围为 5.5~7，此 pH 值与人体皮肤 pH 值一致，而且在此 pH 值甜菜碱和防腐剂可发挥最佳功效，可用 pH 值调节剂（如柠檬酸等）调节 pH 值。但皂基型沐浴液的 pH 较高，需 pH=8.5 以上才能使皂基型沐浴液稳定。

（3）黏度调节剂

黏度调节剂有如下三类：

① 水溶性聚合物：如双硬脂酸乙二醇（6000）酯、Carbopol、纤维素。
② 有机增稠剂：如烷醇酰胺、甜菜碱型两性表面活性剂、氧化胺等。
③ 无机盐：如氯化钠、氯化铵和硫酸钠等对含有 AES 盐的体系有很好的增稠效果。

（4）其他

为了避免表面活性剂的过分脱脂造成皮肤干燥，除了应加入温和型的表面活性剂之外，还应当加入一定的润肤剂，有的沐浴液中还加入天然提取物、杀菌剂、抗氧剂等制成调理型沐浴液。

三、实验步骤

（1）沐浴露配方

实验配方见表 9-3。

表 9-3　沐浴露实验配方

原料	质量份
AES(70%)	11
十二烷基硫酸钠[K_{12}(70%)]	3
椰子油脂肪酸二乙醇酰胺(6501)	14
椰油酰胺丙基甜菜碱(CAB-35)	6
氯化钠	1
丙二醇	2
硼酸	0.1
EDTA	0.1
柠檬酸	0.08
珠光浆	3.5
香精、防腐剂	适量
去离子水	70

（2）制备方法

在 250 mL 的烧杯中加入计量的去离子水，加热至 60 ℃；加入 AES 和 K_{12}，用玻璃棒搅拌至透明溶液，搅拌过程保证温度在 60～65 ℃；加入氯化钠、硼酸和 EDTA，搅拌至完全溶解（溶液透明）；加入 CAB-35、柠檬酸和丙二醇，搅拌 5 min 至均匀混合；降温至 50 ℃以下，加入香精、防腐剂和珠光浆，搅拌 10 min 至均匀混合；加入 6501，搅拌 10 min 至均匀混合；出料，用塑料瓶密封包装，室温自然消泡 24 h 以上。

四、思考题

（1）试说明配方中各组分的功能。
（2）为什么珠光浆要在 50 ℃以下加入？

实验 9-4　护发素的配制

一、实验目的

（1）了解配方中各组分的性能和用途。

(2) 掌握护发素、亮发水、发胶的组成、功能和配制方法。

二、实验原理

护发用品的主要作用有两方面。一是养发、护发；二是保持发型，使头发有光泽。护发素，其主要目的是改善头发的梳理性、防止头发缠绕，使毛发平滑。根据需要选择各种功能性洗涤原料设计配方，本实验采用十八烷基三甲基氯化铵，其具有优良的渗透、柔化、抗静电及杀菌性能，可以吸附在毛发上，赋予毛发滑爽、滋润、柔软的感觉；十六醇、聚硅氧烷作为赋脂剂，用于补充因洗涤后皮肤或头发损失的脂质，起调理作用；吐温-60 起乳化稳定作用；甘油作为稳定剂，起防冻作用；聚乙烯醇用于调节护发素黏度；防腐剂可以防止微生物污染；并选用适量柠檬酸和三乙胺调节 pH。最后根据配方中各原料的理化性能，将不同种原料有机地混合到一起，形成均匀稳定的产品。

三、仪器与试剂

（1）仪器：电炉、石棉网、水浴锅、温度计、烧杯、量筒、天平、pH 试纸（1～14）、搅拌器。

（2）试剂：十八烷基三甲基氯化铵、十六醇、硅油、吐温-60、甘油、去离子水、聚乙烯醇、柠檬酸、防腐剂、香料、三乙醇胺。

四、实验步骤

（1）配方

十八烷基三甲基氯化铵 2.0 g、十六醇 3.0 g、硅油 1.0 g、吐温-60 1.0 g、甘油 5.0 g、聚乙烯醇 1.0 g、柠檬酸适量、防腐剂 0.2 g、香料 0.5 g、去离子水 86.6 g。所配制的溶液可用柠檬酸和三乙醇胺调节 pH 值。

（2）护发剂的配制

① 按配方将蒸馏水加入 250 mL 烧杯中，再将烧杯放入水浴锅中，加热使水温升到 60 ℃，慢慢加入膏状或粉末状原料，并不断搅拌，至全部溶解为止，搅拌时间约 50 min。

② 停止加热，待温度降至 40 ℃以下时，加入溶剂、香精等，搅拌均匀。

【注释】

［1］测溶液的 pH 值，根据使用要求用三乙醇胺调节反应液的 pH 值。

五、思考题

（1）护发产品中各组分的作用和要求是什么？

（2）发胶中的溶剂乙醇是否可以用丙酮、乙醚来代替？为什么？

实验 9-5　雪花膏的配制

一、实验目的

（1）了解雪花膏的配制原理和各组分的作用。

（2）掌握雪花膏的配制方法。

二、实验原理

雪花膏（vanishing cream）是白色膏状乳剂类化妆品。乳剂是指一种液体以极细小的液滴分散于另一种互不相溶的液体中所形成的多相分散体系。雪花膏涂在皮肤上，遇热容易消失，因此，被称为雪花膏。

雪花膏通常是以硬脂酸皂为乳化剂的水包油型乳化体系。水相中含有多元醇等水溶性物质，油相中含有脂肪酸、长链脂肪酸、多元酸等非水溶性物质。当雪花膏被涂于皮肤上，水分挥发后，吸水性的多元醇与油性组分共同形成一个控制表皮水分过快蒸发的保护膜，它隔离了皮肤与空气的接触，避免皮肤在干燥环境中由于表皮水分过快蒸发导致的皮肤干裂。也可以在配方中加入一些可被皮肤吸收的营养物质。

多年来，雪花膏的基础配方变化不大，主要包括硬脂酸皂（3.0%～7.5%）、硬脂酸（10%～20%）、多元醇（5%～20%）、水（60%～80%）。配方中，一般控制碱的加入量，使皂的比例占全部脂肪酸的15%～25%。

三、仪器与试剂

(1) 仪器：烧杯（250 mL）、电动搅拌器、温度计、显微镜、托盘天平、电热套、水浴锅、精密pH试纸。

(2) 试剂：硬脂酸、单硬脂酸甘油酯、十六醇、白油、丙二醇、氢氧化钠、氢氧化钾、香精、防腐剂等。

四、实验内容

(1) 配方

见表9-4。

表9-4 雪花膏的配方

原料	加入量/g	原料	加入量/g
硬脂酸	15.0	KOH	0.6
单硬脂酸甘油酯	1.0	NaOH	0.05
白油	1.0	香精	适量
十六醇	1.0	防腐剂	适量
丙二醇	10.0	水	加至100

(2) 配制

按配方中的量分别称量硬脂酸、单硬脂酸甘油酯、白油、十六醇和丙二醇，将称量好的原料加入250 mL烧杯中，水和碱（KOH或NaOH）称量后加入另一250 mL烧杯中。分别加热至90 ℃，使物料熔化、溶解均匀。装水的烧杯在90 ℃下保持20 min灭菌。然后在搅拌下将水慢慢加入油相中，继续搅拌，当温度降至50 ℃时，加入防腐剂。降温至40 ℃后，加入香精，搅拌均匀。静置，冷却至室温。调整膏体的pH，使其要求的范围内。

【注释】

[1] 加入少量NaOH有助于增大膏体黏度，也可以不加。

[2] 降温至55 ℃以下，继续搅拌使油相分散更细，加速皂与硬脂酸结合形成结晶，出现珠光现象。

[3] 降温过程中，黏度逐渐增大，搅拌带入膏体的气泡不易逸出，因此，黏度较大时，不易过分搅拌。

[4] 使用工业一级硬脂酸，可使产品的色泽及储存稳定性提高。

[5] 要用颜色洁白的工业三亚硬脂酸，其碘值在2以下（碘值表示油酸含量）。碘值过

高,硬脂酸的凝固点降低,颜色泛黄,会影响雪花膏的色泽和在储存过程中引起的酸败。

[6] 水质对雪花膏有重要影响。

五、思考题

(1) 配方中各组分的作用是什么?
(2) 配方中硬脂酸的皂化百分率是多少?
(3) 配制雪花膏时,为什么必须两个烧杯中药品分别配制后再混合到一起?
(4) 配方中各组分的作用是什么?
(5) 为什么水质对雪花膏质量有很大影响?

实验 9-6 洗洁精的配制

一、实验目的

(1) 掌握洗洁精的配制方法。
(2) 了解洗洁精各组分的性质及配方原理。

二、实验原理

洗洁精(cleaning mixture)又叫餐具洗涤剂或果蔬洗涤剂,洗洁精是无色或淡黄色透明液体。主要用于洗涤碗碟和水果蔬菜。特点是去油腻性好、简易卫生、使用方便。洗洁精是最早出现的液体洗涤剂,产量在液体洗涤剂中居第二位,世界总产量为 2×10^6 kt/年。

设计洗洁精的配方结构组成时,应考虑洗涤方式、污垢特点、被洗物特点,以及其他功能要求,具体可归纳为以下几条:对人体安全无害;能较好地洗净并除去动植物油垢,即使对黏附牢固的油垢也能迅速除去;清洗剂和清洗方式不损伤餐具、灶具及其他器具;用于洗涤蔬菜和水果时,也不影响其外观和原有风味;手洗产品发泡性良好;消毒洗涤剂应能有效地杀灭有害菌,而不危害人的安全;产品长期储存稳定性好,不发霉变质。

洗洁精应制成透明状液体,要设法调配成适当的浓度和黏度。设计配方时,一定要充分考虑表面活性剂的配位效应,以及各种助剂的作用。如阴离子表面活性剂烷基聚氧乙烯醚硫酸酯盐与非离子表面活性剂烷基聚氧乙烯醚复配后,产品的泡沫性和去污力均好。配方中加入乙二醇单丁醚,则有助于去除油污。加入月桂酸二乙醇酰胺可以增泡和稳泡,可减轻对皮肤的刺激,并可增加介质的黏度。羊毛脂类衍生物可滋润皮肤。调整产品黏度主要使用无机电解质。洗洁精一般都是高碱性,主要为提高去污力和节省活性物,并降低成本。但 pH 值不能大于 10.5。高档的餐具洗涤剂要加入釉面保护剂,如醋酸铝、甲酸铝、磷酸铝酸盐、硼酸酐及其混合物。还需加入少量香精和防腐剂。

洗洁精都是以表面活性剂为主要活性物配制而成的。手工洗涤用的洗洁精主要使用烷基苯磺酸钠盐和烷基聚氧乙烯醚硫酸盐,其活性物含量大约为 10%~15%。

三、仪器和试剂

(1) 仪器:电炉、水浴锅、电动搅拌器、温度计(0~100 ℃)、烧杯(100 mL、150 mL)、量筒(10 mL、100 mL)、托盘天平、滴管、玻璃棒、pH 试纸。

(2) 试剂:十二烷基苯磺酸钠(ABS-Na)、脂肪醇聚氧乙烯醚硫酸钠(AES)、椰子油酸二乙醇酰胺[尼诺尔(70%)]、壬基酚聚氧乙烯醚[OP-10(70%)]、乙醇、甲醛、乙二胺四乙酸(EDTA)、三乙醇胺、二甲基月桂基氧化胺、二甲苯磺酸钠、香精、苯甲酸钠、氯化钠、硫酸、去离子水。

四、实验步骤

(1) 配方

配方见表 9-5，可自选配方进行实验。

表 9-5 洗洁精配方　　　　　　　　　　　　　　　　单位：g

名称	配方Ⅰ	配方Ⅱ	配方Ⅲ	配方Ⅳ
ABS-Na(30%)		16.0	12.0	16.0
AES(70%)	16.0		5.0	14.0
尼诺尔(70%)	3.0	7.0	6.0	
OP-10(70%)		8.0	8.0	2.0
EDTA	0.1	0.1	0.1	0.1
乙醇		6.0	0.2	
甲醛			0.2	
三乙醇胺				4.0
二甲基月桂基氧化胺	3.0			
二甲苯磺酸钠	5.0			
苯甲酸钠	0.5	0.5		0.5
氯化钠	1.0			1.5
香精、硫酸	适量	适量	适量	适量
去离子水	加至100	加至100	加至100	加至100

(2) 操作步骤（以配方Ⅰ为例）

将水浴锅中加入水并加热，烧杯中加入去离子水加热至 60 ℃ 左右。加入 AES 并不断搅拌至全部溶解，此时水温要控制在 60～65 ℃。保持温度，在不断连续搅拌下加入二甲基月桂基氧化胺表面活性剂，搅拌至全部溶解为止。降温至 40 ℃ 以下加入香精、苯甲酸钠、二甲苯磺酸钠、EDTA，搅拌均匀。测溶液的 pH 值，用硫酸调节 pH 至 9～10.5。加入食盐调节到所需黏度。调节之前应把产品冷却到室温或测黏度时的标准温度。调节后即为成品。

【注释】

[1] AES 应慢慢加入水中。

[2] AES 在高温下极易水解，因此溶解温度不可超过 65 ℃。

五、思考题

(1) 配制洗洁精有哪些原则？

(2) 洗洁精的 pH 应控制在什么范围？为什么？

实验 9-7　通用液体洗衣剂

一、实验目的

(1) 掌握配制通用液体洗衣剂的工艺。

(2) 了解各组分的作用和配方原理。

二、实验原理

通用液体洗衣剂（liquid detergent）为无色的或淡蓝色均匀的黏稠液体，是液体洗涤剂的一种，易溶于水。

液体洗涤剂是仅次于粉状洗涤剂的第二大类洗涤制品。因为液体洗涤剂具有诸多显著的优点，所以洗涤剂由固态向液体洗涤剂发展是一种必然趋势。最早出现的液体洗衣剂是不加助剂的或助剂很少的中性洗衣剂，基本属于轻垢型洗衣剂，这类液体洗衣剂的配方技术比较简单。而后出现的重垢型液体洗衣剂中的表面活性物含量比较高，洗涤助剂种类也比较多，配方技术比较复杂。

液体洗衣剂除了上述两种外，还有织物干洗剂，它是无水洗衣剂，专门用于洗涤毛呢、丝绸、化纤等高档衣物。另外，还有预去斑剂，用于衣物局部（如领口、袖口）的重垢洗涤。其他还有织物漂白剂、柔软整理剂、消毒洗衣剂等。

上述液体洗衣剂是按其用途分类设计的。其中用量最大的是重垢液体洗衣剂，其次是轻垢液体洗衣剂。本实验主要研究这两种类型的洗衣剂，我们称其为通用液体洗衣剂。

设计这种洗衣剂时首先考虑的是洗涤性能，既要有强的去垢力，还不得损伤衣物。其次要考虑经济性，既要工艺简单，又要配方合理。再次要考虑产品的适用性，既要适合我国的国情和人民的洗涤习惯，还要考虑配方的先进性等。总之要通过合理的配方设计，使制得的产品性能优良而成本低廉，且有广阔的市场。

液体洗衣剂的配方主要由以下几部分组成：

① 表面活性剂　液体洗衣剂中使用最多的是烷基苯磺酸钠，但目前正在向醇系表面活性剂转变。以脂肪醇为起始原料的各种表面活性剂广泛用于衣用液体洗涤剂中，包括：脂肪醇聚氧乙烯醚、脂肪醇硫酸酯盐、脂肪醇聚氧乙烯醚硫酸盐等。在阴离子表面活性剂中，α-烯基磺酸盐被认为是最有前途的活性物。高级脂肪酸盐已是公认的液体洗衣剂原料。在非离子表面活性剂中，烷基醇酰胺也是重要的一种。

② 洗涤助剂　液体洗衣剂常用的助剂主要有：a. 螯合剂。最常用的、性能最好的是三聚磷酸钠，但它的加入会使洗衣剂变浑浊，并会污染水体，近年来逐步被淘汰。乙二胺四乙酸二钠对金属离子的螯合能力最强，而且可使溶液的透明度提高，但价格较高。b. 增稠剂。常用的有机增稠剂为天然树脂和合成树脂，如聚乙二醇酯等。无机增稠剂用氯化钠或氯化铵。c. 助溶剂。常用的增溶剂或助溶剂除烷基苯磺酸钠外还有低分子醇或尿素。d. 溶剂。常用的溶剂是软化水或去离子水。e. 柔软剂。常用的柔软剂主要有实验离子型和两性离子型（在一般洗衣剂中不用）。f. 消毒剂。目前大量使用的仍是含氯消毒剂，如次氯酸钠、次氯酸钙、氯化磷酸三钠、氯胺T、二氯异氰尿酸钠等（一般洗衣剂中不用）。g. 漂白剂。常用的漂白剂有过氧化盐类，如过硼酸钠、过碳酸钠、过碳酸钾、过焦酸钠等（一般洗衣剂中不用）。h. 酶制剂。常用的有淀粉酶、蛋白酶、脂肪酶等。酶制剂的加入可提高产品的去污力。i. 抗污垢再沉积剂。常用的有羧甲基纤维素钠、硅酸钠等。j. 碱剂。常用的有纯碱、小苏打、乙醇胺、氨水、硅酸钠、磷酸三钠等。k. 香精。l. 色素等。

上述各种表面活性剂和洗涤助剂我们可以根据它们的性能和配制产品的要求选取不同的数量进行复配。本实验设计了几个通用液体洗衣剂的配方，可根据实验原材料和仪器情况，选做其中一个或两个。

三、仪器与试剂

（1）仪器：电炉、水浴锅、电动搅拌器、烧杯（100 mL，250 mL）、量筒（10 mL，100 mL）、滴管、托盘天平、温度计（0~100 ℃）、pH试纸。

(2) 试剂：十二烷基苯磺酸钠［ABS-Na(30%)］、椰子油酸二乙醇酰胺［尼诺尔(70%)］、壬基酚聚氧乙烯醚［OP-10(70%)］、食盐、二甲苯磺酸钾、荧光增白剂、碳酸钠、水玻璃［Na$_2$SiO$_3$(30%)］、三磷酸五钠（STPP）、BS-12、香精、色素、CMC(5%)、脂肪醇聚氧乙烯醚硫酸钠［AES(70%)］、硫酸（10%）、去离子水。

四、实验步骤

(1) 配方

液体洗衣剂配方见表9-6。

表9-6 液体洗衣剂配方　　　　　　　　　　　　　　　　　　　　单位：g

成分配方	配方Ⅰ	配方Ⅱ	配方Ⅲ	配方Ⅳ
ABS-Na(30%)	20.0	30.0	30.0	10.0
OP-10(70%)	8.0	5.0	3.0	3.0
尼诺尔(70%)	5.0	5.0	4.0	4.0
AES(70%)			3.0	3.0
二甲苯磺酸钾			2.0	
BS-12				2.0
荧光增白剂			0.1	0.1
Na$_2$CO$_3$	1.0		1.0	
Na$_2$SiO$_3$(30%)	2.0	2.0	1.5	
STPP		2.0		
NaCl	1.5	1.5	1.0	2.0
色素	适量	适量	适量	适量
香精	适量	适量	适量	适量
CMC(5%)				5.0
去离子水	加至100	加至100	加至100	加至100

(2) 操作步骤

按配方Ⅳ将蒸馏水加入250 mL烧杯中，再将烧杯放入水浴锅中，加热使水温升到60 ℃，慢慢加入AES，并不断搅拌，至全部溶解为止。在连续搅拌下依次加入ABS-Na、OP-10、尼诺尔等表面活性剂，一直搅拌至全部溶解为止，搅拌时间约为20 min，保持温度在60～65 ℃。在不断搅拌下将碳酸钠、二甲苯磺酸钾、荧光增白剂、STPP、BS-12、CMC等依次加入，并使其溶解，保持温度在60～65 ℃。停止加热，待温度降至40 ℃以下时，加入色素、香精等，搅拌均匀。用硫酸调节反应液的pH≤10.5。降至室温，加入食盐调节黏度，使其达到规定黏度。本实验不控制黏度指标。

【注释】

[1] 按次序加料，必须使前一种物料溶解后再加入后一种。

[2] 温度按规定控制好，加入香精时的温度必须<40 ℃，以防挥发。

五、思考题

(1) 通用液体洗衣剂有哪些优良的性能？

(2) 通用液体洗衣剂配方设计的原则有哪些？
(3) 通用液体洗衣剂的 pH 值是怎样控制的？为什么？

实验 9-8　肥皂的制造

一、实验目的

(1) 学习洗涤剂的基本知识，熟悉肥皂、透明皂的制造原理和方法。
(2) 掌握肥皂、透明皂的制备工艺和制备技术。

二、实验原理

肥皂是高级脂肪酸金属盐类（钠、钾盐为主）的总称，包括软皂、硬皂、香皂和透明皂等。肥皂是最早使用的洗涤用品，对皮肤刺激性小，具有便于携带、使用方便、去污力强、泡沫适中和洗后容易去除等优点。所以尽管近年来各种新型的洗涤剂不断涌现，但肥皂仍是一种深受用户欢迎的去污和沐浴用品。

以各种天然的动、植物油脂为原料，经碱皂化而制得肥皂，是目前仍在使用的生产肥皂的传统方法。

$$\begin{array}{l} CH_2OCOR^1 \\ |\\ CHOCOR^2 \\ |\\ CH_2OCOR^3 \end{array} + 3NaOH \xrightarrow{H_2O} \begin{array}{l} CH_2OH \\ |\\ CHOH \\ |\\ CH_2OH \end{array} + \begin{array}{l} R^1COONa \\ R^2COONa \\ R^3COONa \end{array}$$

不同种类的油脂，由于其组成有别，皂化时需要的碱量不同，碱的用量与各种油脂的皂化值（完全皂化 1 g 油脂所需的氢氧化钾的质量）和酸值有关，表 9-7 列出了一些油脂的皂化值。

表 9-7　一些油脂的皂化值

油脂	椰子油	花生油	棕仁油	牛油	猪油
皂化值	185	137	250	140	196

用于制肥皂的主要原料的性质和作用介绍如下。

① 油脂：油脂指植物油和动物脂肪，在制肥皂过程中，它提供长链脂肪酸，由于以 $C_{12} \sim C_{18}$ 的脂肪酸所构成的肥皂洗涤效果最好，所以制肥皂的常用油脂是椰子油（C_{12} 为主）、棕榈油（$C_{16} \sim C_{18}$ 为主）、猪油或牛油（$C_{16} \sim C_{18}$ 为主）等。脂肪酸的不饱和度会对肥皂品质产生影响。

不饱和度高的脂肪酸制成的皂，质软而难成块状，抗硬水性能也较差，所以通常要把部分油脂催化加氢使之成为氢化油（或称硬化油），然后与其他油脂搭配使用。

② 碱：主要使用碱金属氢氧化物。由碱金属氢氧化物制成的肥皂具有良好的水溶性。由碱土金属氢氧化物制成的肥皂一般称作金属皂，难溶于水，主要用作涂料的催干剂和乳化剂，不作洗涤剂使用。

制皂的主要工艺步骤：皂化—盐析—碱析—整理—得到皂基。为了改善肥皂产品的外观和拓宽用途，可加入香料、色素、消毒药物以及酒精、抑菌剂、白糖等，以制成香皂、药皂或透明皂等产品。

三、仪器与试剂

(1) 仪器：烧杯（250 mL，500 mL）、电动搅拌器、托盘天平、水浴锅、电炉等。

(2) 试剂：牛油或羊油、棕仁油或椰子油、30%氢氧化钠、大豆油或亚麻油、蓖麻油、香料、色素、蔗糖、甘油、95%乙醇、甲苯酚、苯酚、硼酸、食盐。

四、实验步骤

在 250 mL 烧杯中加入 100 mL 水和 12.5 g（0.3 mol）氢氧化钠，搅拌溶解备用。称取 49 g（0.14 mol）牛油和 21 g（0.13 mol）棕仁油或椰子油置入 500 mL 烧杯中，用热水浴加热使油脂熔化。搅拌下将碱液慢慢加入油脂中，然后置入沸水浴中加热进行皂化。皂化过程中要经常搅拌，直至反应混合物从搅拌棒上流下时形成线状并在棒上很快凝固为止。反应时间约需 2~3 h，将产物倾入模具中（或留在烧杯内）成型。冷却即成为肥皂，约 170 g。

本实验制得的产品是含有甘油的粗肥皂。实际生产中要分离甘油并将制得的肥皂进行挤压、切块、打印、干燥等机械加工操作，才能成为供应市场的产品。

其他肥皂产品：采取以上步骤相似的操作，改变油脂品种、配比和工艺条件，可以制备其他品种的肥皂。

① 软肥皂　加入 43 g 大豆油或亚麻油、50 mL 水、9 g 氢氧化钠和 5 g（95%）乙醇。在 80 ℃下反应，至反应终点后加水至反应混合物的总质量为 100 g 后出料。由于使用了高度不饱和的油脂为原料，所制得的产品为黄白色透明的软肥皂。软肥皂主要用于配制液体清洁液，也可作为液体合成洗涤剂的消泡剂使用。

② 精制硬肥皂和香皂　精制的肥皂和香皂一般要以椰子油配合硬化油等高饱和度的油脂为原料，同时要将反应后产生的甘油分离出来，使制品质地坚实耐用并有一定的抗硬水性。若在加工成型之前添加香料和色素，则可制成香皂，精制操作如下：完成皂化操作之后，保温并在剧烈搅拌下加入 70 mL 热的饱和盐水进行盐析，搅拌均匀，撤离水浴，放置过夜使之自然降温和分层。固液分离后取固体皂作进一步的成型加工。对碱液进行减压分馏，以回收其中所含的甘油。

③ 透明皂　将 10 g 牛油、10 g 椰子油和 8 g 蓖麻油加入烧杯中，加热至 80 ℃ 使油脂混合物熔化。搅拌下快速加入 17 g 30%氢氧化钠和 5 g 95%乙醇的混合液。在 75 ℃ 的水浴上加热皂化，到达终点后停止加热。在搅拌下加入 2.5 g 甘油和由 5 g 蔗糖与 5 g 水配成的预热至 80 ℃ 的溶液，搅匀后静置降温。当温度下降至 60 ℃ 时可加入适量的香料，搅匀后出料，冷却成型，即可得到透明香皂。配方中加了乙醇、甘油和蔗糖等，使产品透明、光滑、美观，而且内含保湿剂，是较好的皮肤洗洁用品。

④ 药皂　在精制肥皂或制造透明皂的后期，加入适量的甲苯酚、苯酚、硼酸或其他有杀菌效力的药物，可制得具有杀菌消毒作用的药皂。

五、思考题

(1) 肥皂有哪些主要特点？
(2) 钠皂和钾皂有什么区别？
(3) 如何去除生成的甘油？

实验 9-9　美容用品

一、唇部化妆品

唇部化妆品包括唇膏、唇棒、唇脂、唇胶和唇光亮剂等。

唇膏和唇棒统称为口红，是由油脂和蜡类加入色素制成的，油脂、蜡类和色素是唇部化妆品的主要组分，此外还可加入适量粉料、香精和防腐剂或抗氧化剂等。

唇胶和唇光亮剂的主要组分是油性剂、增稠剂和颜料，其次是香精和防腐剂，唇光亮剂还要加入珠光颜料。

1. 口红

组分	质量分数/%	组分	质量分数/%
钛白粉	5.0	巴西棕榈蜡	5.0
红色201号	0.6	羊毛脂	11.0
红色202号	1.0	蓖麻油	25.2
红色223号	0.2	2-乙基己酸鲸蜡酯	20.0
小烛树蜡	9.0	肉豆蔻酸异丙酯	10.0
固体石蜡	8.0	抗氧化剂、香精	适量
蜂蜡	5.0		

制备：将钛白粉、红色201号、红色202号加入部分蓖麻油，用滚筒处理（颜料）。将红色223号用另一部分蓖麻油溶解（染料）。其他成分混合加热熔解后，加入颜料、染料，用均质搅拌机均匀分散，倒入模具后急剧冷却，成为细圆条状。

2. 唇膏

组分	用量/g	组分	用量/g
A. 蓖麻油	3.3	B. 巴西棕榈蜡	8.0
羊毛脂衍生物	54.7	漂白褐煤蜡	7.0
鳄梨油	10.0	蓖麻油（含有色素混合物）	6.7
乳酸十四烷基酯	5.0	C. 香料	0.3
矿物油	5.0	D. 色素混合物	14.6

制备：把A组分油类加热到95℃，添加B组分蜡，并维持温度95℃。将蜡和油加热到110℃，搅拌混合，并保持15～20 min，到蜡全部溶解。把整批料冷却到95℃，并取其中约15份转移到小罐中，温度维持90～95℃。将D徐徐加到此小罐的基料中，同时强烈搅拌，直到所有的色素均匀分散。将香料C加入小罐的色浆中，搅拌到完全分散。把此小罐色素分散体加入其余的基材中，此基材应在95℃进行搅拌，直到搅拌均匀。

3. 唇棒

组分	质量分数/%	组分	质量分数/%
三(辛酸/癸酸)甘油酸、1827		蓖麻油	4.50
与水辉石反应产物和碳	20.00	蜂蜡	5.00
酸烯丙酯的混合物		硬脂酸钠	1.00
混合酸甘油酯	15.00	Rewopal PIB 1000	15.00
单/二硬脂酸甘油酯	6.00	抗氧化剂	适量
二(辛酸/癸酸)丙二醇酯	6.00	香料	适量
乙氧基化羊毛脂	10.00	赤鲜红染料	0.50
小烛树蜡	5.00	涂钛白粉云母（珠光颜料）	10.00

制备：将前11个组分混合后加热到约80℃。添加染料和涂钛白粉云母，混合至均匀。约30℃时添加香料。

4. 唇脂

组分	质量分数/%	组分	质量分数/%
A. PVP/十六烯共聚物	10.0	羊毛脂油	5.0
对甲氧基肉桂酸辛酯	2.0	巴西棕榈蜡	2.0
辛基十二烷基硬脂酰基硬脂酸酯	30.6	抗氧化剂	0.2
凡士林	44.0	B. 香料	0.2
小烛树蜡	6.0		

制备：将 A 组分混合后搅拌加热到 80～85 ℃，完全透明冷却到 70～75 ℃，再加入 B 组分，混合均匀。冷却到凝固温度，注入模子。

5. 唇胶

组分	质量分数/%	组分	质量分数/%
A. 石蜡	65.00	C. 色素	适量
棕榈酸十六烷基酯	12.00	D. 尼泊金甲酯	0.20
鲸蜡醇	5.00	尼泊金丙酯	0.10
B. 费-托法合成烃蜡（熔点 66 ℃）	3.00	叔丁基对羟基苯甲醚	0.02
地蜡	15.00		

制备：将 A 组分加热到 95 ℃，添加 B 组分蜡，在搅拌下将 A 和 B 加热到 110 ℃，保温 15～20 min，到蜡全部溶解，冷却到 95 ℃，取其中约 15 份移入小罐中，于 90～95 ℃维持加热，添加 C，同时强烈搅拌，色素完全分散。将所有其余成分加到基材的小罐中，搅拌到均匀混合。添加速度要慢，特别注意上下（顶部和底部）要搅拌到全部均匀后，方可包装或储存。

6. 唇光亮剂

组分	质量分数/%	组分	质量分数/%
石蜡油（USP）	45	白色蜂蜡	25
超级石油蜡	20	肉豆蔻酸异丙酯	10

制备：将所有成分混合，并在无水条件下加热到 85 ℃，连续搅拌和维持温度直到蜂蜡完全熔化，在搅拌下冷却到 70 ℃，并注入模具。

二、眼部化妆品

眼部化妆品包括眼影粉、眼影饼、眼影棒、眼影膏、眼线液、眼线膏、眼线粉和眼线笔、眼部凝胶、睫毛膏和睫毛油、眉笔等。

眼影粉、眼影饼和眼影棒的主体成分是油、蜡、脂类、粉料和颜料，辅助成分是胶黏剂、防腐剂和香料等。眼影膏的主体成分是油、蜡、脂类、粉料、颜料、乳化剂和去离子水，辅助成分是保湿剂、防腐剂和香料等。

眼线液、眼线膏组成相似，主要成分是油脂、颜料、胶黏剂和去离子水，辅助成分有乳化剂、保湿剂、防腐剂和香精等，有的还适当加入皮肤营养添加剂。眼线粉和眼线笔的主要成分与眼影粉相近，眼部凝胶的主要成分与眼影膏相似。

睫毛膏的主要成分是油蜡脂类、乳化剂、颜料和去离子水，辅助成分有保湿剂、防腐剂和香料等。睫毛油成分比较简单，主要是油蜡和颜料。

眉笔主要成分是蜡和颜料，辅助成分是粉料、香精、防腐剂、胶黏剂和去离子水等。

1. 眼影膏

组分	质量分数/%	组分	质量分数/%
A. 硅酸铝镁	4.3	矿物油和羊毛脂	5.1
去离子水	63.7	凡士林	8.5
B. 丙二醇	1.7	C. 钛白粉和云母粉	15.0
乙酰化羊毛脂	1.7	防腐剂	适量

制备：将硅酸铝镁慢慢加入去离子水中，连续搅拌至均匀。将 B 加到 A 中，并加热至 70 ℃，混合至均匀。然后加 C 混合至颜料完全分散。

2. 眼影饼

组分	质量分数/%	组分	质量分数/%
A. CMC-Na	1.4	B. 甘油单硬脂酸酯	6.0
山梨醇（70%）	10.0	羊毛脂（无水）	17.0
水溶性防腐剂	适量	油溶性防腐剂和抗氧化剂	适量
去离子水	65.6		

制备：在高速搅拌中使 CMC-Na 溶于去离子水中，加入 A 的其他成分；使 B 成分混合后也加热到同样温度，在搅拌中使 A 加入 B 中，再在搅拌中冷却至 40 ℃。

3. 眼影棒

组分	质量分数/%	组分	质量分数/%
A. 滑石粉	5	B. 巴西棕榈蜡	10
钛白粉	3	石蜡	5
珠光颜料	18	硬脂羊毛脂	5
群青	12	三(2-乙基己酸)甘油酯	20
异三十烷	20.5	C. 香精	0.5
司盘-83	1		

制备：将 A 于胶体磨中混匀、磨细。在乳化器中将 B 混合搅拌加热溶解，加入 A 中进行均质化，当温度降至 45 ℃时加 C，注入管式模具中，急剧冷却。

说明：本品用于眼部化妆，携带使用非常方便。

4. 眼影粉

组分	质量分数/%	组分	质量分数/%
A. 卵磷脂涂覆的滑石粉	35.25	尼泊金丙酯	0.1
卵磷脂涂覆的氧化铁	14.0	N,N'-亚甲基双[N'-(1-羟甲基-2,5-二氧-4-咪唑烷基)脲]	0.3
聚乙烯	2.0		
硬脂酸锌	5.0	B. 辛酸/癸酸甘油三酯	2.25
卵磷脂涂覆的云母	30.0	苯甲酸 $C_{12\sim15}$ 烷酯辛基 C_{12} 烷基硬脂酰硬脂酸酯	1.25
氯氧化铋	4.0		
尼泊金甲酯	0.2	聚二甲基硅氧烷和三甲基甲硅烷氧基硅酸酯	5.0
尼泊金乙酯	0.15		

说明：将 B 组分在 70 ℃加热制得混合物。将 A 和 B 两种混合物混合即得压实粉末眼影。

5. 眼线液

组分	质量/g	组分	质量/g
35%双氧水	5.0	尼泊金甲酯	0.5
50%黑色氧化铁水分散液	25.0	多肽	3.0
去离子水	25.0	去离子水	34.5
丙二醇	7.0		

制备：将35%双氧水5份，用含50%黑色氧化铁水分散液25份和水25份混合物处理30 min，100 ℃保温1 h，得棕色颜料。与含丙二醇7份、尼泊金甲酯0.5份、多肽3份和去离子水34.5份组成物混合，得眼线液。

说明：本品在试管中室温储存3个月，颜料不分离。

6. 眼线（胶）膏

组分	质量分数/%	组分	质量分数/%
A. 去离子水	30.7	C. 白油	34
聚丙烯酸甲酯	1	硬脂酸钠	2
尼泊金丁酯	0.2	司盘-80	2
B. 乙醇	5	D. 氧化铁	25
透明质酸钠	0.1		

制备：将A、B分别混合、温热搅拌溶解，将C混合搅拌加热至80 ℃，然后将D加入C搅拌均匀，将A和B的混合液在搅拌下逐步加入C溶液中，搅拌冷却至室温即可。

7. 眼部凝胶

组分	质量分数/%	组分	质量分数/%
A. 去离子水	80.5	B. 水解黏多糖	10.0
HEC	1.0	C. 二甲基硅氧烷聚醚共聚物	0.5
山梨醇	4.0	丙二醇、重氮烷基脲、尼泊	
吐温-20	3.0	金甲酯及丙酯	1.0

制备：将去离子水加热到80 ℃，搅拌下添加HEC，混合至透明；添加其余A组分、B组分、C组分，混合至均匀。

8. 睫毛膏

组分	质量分数/%	组分	质量分数/%
A. 巴西棕榈蜡、蜂蜡、硬脂酸、聚硬脂酸乙二醇酯、AEO-25、鲸蜡醇、氧化椰子油和矿物油的混合物	21.00	PVP	5.00
		三乙醇胺	1.50
		C. 去离子水	22.00
		防腐剂	0.30
		CMC	0.30
聚氨基葡萄糖处理的黑色氧化铁或锰紫和聚二甲基硅烷的混合物	12.00	D. 香料	0.10
		环状聚二甲基硅氧烷	4.00
		聚二甲基硅氧烷	0.50
B. 去离子水	33.30		

制备：将A、B和C组分分别混合，搅拌加热到70 ℃。中速搅拌下将B加入A组分

中，然后加入 C 组分。于 40 ℃加入 D 组分，搅拌冷却。

9. 睫毛油

组分	质量分数/%	组分	质量分数/%
A. 微晶石蜡	10.0	羊毛脂的固体馏分	0.5
地蜡	10.0	B. 矿物油（200号汽油）	59.5
十六醇	8.0	C. 颜料	10.0
黄色巴西棕榈蜡	2.0		

制备：在 90 ℃把各种蜡溶于矿物油中，使用回流柱防止蒸发损失。使混合物冷却到 50 ℃，高速搅拌下添加颜料，通过热的三辊磨、软膏磨或胶体磨研磨，如有必要可添加 N-三硬脂酸铝作为胶化剂以控制黏度。

10. 眉笔

组分	质量分数/%	组分	质量分数/%
A. 去离子水	63.8	PVP	2
硅铝酸镁胶体	3.5	尼泊金甲酯	0.2
B. 去离子水	20	C. 颜料	10.5

制备：将 A 和 B 分别混合搅拌加热至 60 ℃，搅拌下将 B 加入 A 中，混合均匀后加 C，搅拌降至室温后分装。

说明：可用小毛刷蘸取本品，对眼眉进行化妆。

三、指甲化妆品

指甲化妆品包括指甲油、指甲油去除剂、指甲抛光剂、指甲清洁剂、指甲油干燥剂和指甲保护调理剂等。指甲化妆品彼此成分差别较大，这主要是由它们功能不同决定的。

指甲油由油性剂、溶剂、染料、成膜剂、增塑剂、防腐剂和抗氧化剂组成。

指甲油去除剂由油性剂、溶剂、保湿剂、粉料、防腐剂和去离子水组成。

指甲抛光剂由油性剂、保湿剂、粉料、颜料和香精组成。

指甲清洁剂由溶剂、污垢分散剂、粉料增塑剂等组成。

指甲油干燥剂由油性剂、溶剂、杀菌剂、指甲护理剂和去离子水组成。

指甲保护调理剂由保湿剂、油性剂、调理剂、防腐剂、香精和去离子水组成。

1. 指甲油

配方 1

组分	质量分数/%	组分	质量分数/%
硝化纤维素	14.0	醋酸乙酯	25.0
樟脑	6.0	乙醇	5.0
醇酸树脂	13.0	甲苯	27.0
醋酸丁酯	10.0	染料、抗氧化剂	适量

配方 2

组分	质量分数/%	组分	质量分数/%
邻苄基-N-羟基烷基聚氨基葡萄糖	6	纤维素乙醇溶液（65∶35）	18
乙酸丁酯	40	邻苯二甲酸二丁酯	4
乙酸己酯	30	樟脑	2

2. 指甲油去除剂

组分	质量分数/%	组分	质量分数/%
A. 油相 C_{22} 烷醇	5.0	尼泊金甲酯	0.1
硬脂酸	2.0	B. 水相去离子水	30.8
蔗糖脂肪酸酯	3.0	蔗糖脂肪酸酯	3.0
己二酸二异丙酯	40.0	PEG	6.0
尼泊金丁酯	0.1	C. 乙醇	10.0

制备：将油相加热至 80 ℃，加入水相中，再加入乙醇。

说明：本品对皮肤刺激小，刺激性气味小。

3. 指甲抛光剂

组分	质量分数/%	组分	质量分数/%
A. 甘油	10	硅粉	7.5
橄榄油	2	氧化铁红	1
硬脂酸丁酯	1	C. 香精	0.5
B. 氧化锡	78		

制备：将 A 置于混合器中搅拌均匀，将 B 在研磨机中混合均匀加入 A 中，搅拌均匀后加 C，混合均匀后分装。

说明：用本品摩擦指甲表面，可使指甲表面有光泽，赋予其健康的色彩。

4. 指甲清洁剂

组分	质量分数/%	组分	质量分数/%
A. 去离子水	79.5	磷酸钠	1
甘油	10	B. 香精	0.5
三乙醇胺	9		

制备：将 A 置于混合器中，混匀后加 B。充分搅拌使其溶解后分装。

说明：用本品轻轻擦洗指甲，可以清除指甲表面上枯死的皮膜和污垢，保持指甲的光泽。

5. 指甲油干燥剂

组分	质量分数/%
2,2,4,4,6,6-六甲基庚烷	80.0
聚二甲基硅氧烷(黏度为 $2mm^2/s$)	20.0

说明：本配方涂于指甲油上，可使其迅速干燥，并保持其表面光滑，有光泽，不发黏。

6. 指甲保护调理剂

组分	质量分数/%	组分	质量分数/%
丁二酸	0.1~0.2	PEG1760	30~40
酒花浸汁	5~10	香精	0.1~0.2
款冬浸汁	5~10	去离子水	余量

说明：本品可防止指甲变脆和断裂。本品每周在脚趾甲和手指甲上涂敷 2~3 次，每次 20~30 min，直到指甲不脆为止。

第 10 章　染料与颜料

10.1　染料及其分类

染料是一类有色的有机化合物，可溶于水或溶剂，或可转变成溶液，也能在液体中均匀分散，还能使纤维或其他物质获得牢固而鲜明的颜色。

染料按用途可分为羊毛用染料、纤维素纤维用染料、合成纤维用染料；按作用方式可分为酸性染料、碱性染料、媒染染料、直接染料、还原染料、冰染染料、硫化染料、活性染料、功能性染料、分散染料等；按结构可分为偶氮染料、靛族染料、蒽醌染料、二苯乙烯染料、苯乙烯基染料、三苯甲烷染料等。下面按作用方式简单介绍。

(1) 酸性染料和碱性染料

酸性染料（acid dye）是在酸性介质中染色的一类染料。酸性染料色谱齐全，主要用于羊毛和蚕丝染色，也用于造纸、皮革、墨水等方面着色，但对纤维素纤维着色力差。

碱性染料（basic dye）是在水溶液中能直接离解生成阳离子或者与酸形成盐后间接生成阳离子的一类染料。碱性染料可溶于水。使用时需先用媒染剂在纤维上打底后再染色，颜色浓艳。但是，耐晒牢度和耐洗牢度差，主要用于棉、羊毛和蚕丝的染色，用于纸张着色和打字色带、色淀及照相材料的制造等。

(2) 直接染料

在纤维素纤维或蛋白质纤维染色时，不需媒染剂而能直接上色的一类染料称为直接染料（direct dye）。它染色方便，色谱齐全，价格低廉，因而广泛用于各种纤维素纤维、蛋白质纤维及混纺织物的染色。联苯胺直接染料是直接染料中最重要的一类。其中，直接黑 38 不仅用于棉织物染色，还能用于丝绸、羊毛、皮革等染色，染色性能良好。

(3) 媒染染料

如果酸性染料不能满足耐洗牢度要求，那么在对颜色的鲜度要求不高时，可以使用媒染染料染色。媒染染料染色的方法是将纤维分别用钴、铬、铝等的金属化合物处理，使媒染剂固定在纤维上，然后用可与钴、铬、铝生成螯合物的染料液体处理，使染料与金属在纤维内形成不溶性的螯合物，从而进行染色。这类将钴、铬、铝等的金属化合物固定在纤维上的染料，称为媒染染料，例如媒染黑。

(4) 冰染染料

冰染染料（ice dye）是使重氮组分（色基）及偶合组分（色酚）在纤维上反应，生成不溶性的偶氮染料而染色的一类染料。因为重氮化和偶合两过程常用冰冷却，所以被称为冰染染料。为了便于使用，色基往往被制成稳定的重氮盐，称为色盐，溶于水后即可用作显色。冰染染料色泽鲜艳，牢度好，适用范围广，色谱齐全且价格低廉，广泛用于纤维素纤维、丝、毛、聚酯、尼龙和醋酸纤维等染色。但是冰染染料应用过程较复杂，而且大部分重氮盐不稳定。但是在发展了稳定重氮盐以后，这个问题得到了部分解决。

(5) 还原染料

还原染料（vat dye）是指先还原后染色的一类染料。一般还原染料不溶于水，但在碱溶液中它们分子中的羰基被还原为隐色体的可溶性盐，被棉纤维等吸收后再经氧化，恢复为原来的不溶性染料。稠环醌是还原染料中最重要的一类，用于染色和印花，色泽鲜艳，且具有较全面的牢度。

(6) 硫化染料

硫化染料（sulfur dye）是无定形结构的化合物，确切的发色体尚未弄清楚，用于棉织物染色已有一百多年历史。硫化染料和还原染料相似，不溶于水，应用时首先必须还原成可溶形态，还原剂是硫化钠，纤维被染色后在空气中氧化而显色。这类染料中最重要的品种是硫化黑、硫化黑T。

(7) 活性染料

活性染料（reactive dye）是一类在化学结构上含有能与纤维官能团反应的活性基的染料，适用于棉和其他纤维素纤维的染色。具有颜色鲜艳、匀染性好、染色方法简便、染色牢度高、色谱齐全、成本较低、较低的酸性水解率、高的酸性水解断键稳定性、优良的可洗涤性、好的各项牢度和较小的吸着率与固着率之差等特点，它是取代禁用染料和其他类型纤维素用染料的最佳选择之一，同时活性染料能用经济的染色工艺和简单的染色操作获得高水平的各项坚牢性能特别是湿牢度。其色相和性能基本上与市场对纤维和衣料的要求相适应，因此活性染料主要应用于棉、麻、黏胶、丝绸、羊毛等纤维及其混纺织物的染色和印花。

(8) 分散染料

分散染料（dispersed dye）是一类以分散体系形式进行染色的染料。分散染料分子较小，分子结构中不含离子基团，在大量分散剂作用下能分散成均匀而稳定的微小颗粒，容易渗透进高分子纤维中。主要用于各种合成纤维和混纺纤维织物的染色和印花。

(9) 功能染料

主要有近红外吸收染料、液晶显示染料、激光染料、压热敏染料、有机光导材料用染料、pH指示染料、光敏染料以及光变染料等。

染料主要用于纺织纤维的染色。比如，麻、天然纤维棉、丝、毛等，化学纤维涤纶、腈纶、维纶、锦纶等；也广泛用于橡胶制品、油脂、塑料制品、墨水、油墨、照相器材、印刷、医药、造纸、食品等方面；还可用于皮革、纸张、高分子材料或食物的上色。近年来，染料还应用于细胞的染色，以阐明蛋白质结构、探索酶的活性等。

我国染料行业无论是对染料品种的把握，还是对生产技术的把握都取得了长足的进步。我国已经成为世界上染料品种最全、产量最大的国家，少数龙头企业在国际市场上享有一定话语权。不仅如此，在一些细分领域上，少数中小企业生产的产品在国际某些细分市场上也具有较强的竞争力。但行业内各个企业的技术水平、产品种类和质量、生产规模和盈利能力差异较大。随着市场的发展和国家产业政策的引导、环保政策的趋严，染料行业将逐步由传统的粗放型、劳动密集型向技术型、资金密集型转变。行业内的大型企业凭借资本实力、规模效益和品牌效应能保持较高的利润水平，行业内专注于细分市场并注重染整技术服务的企业也将凭借领先的技术水平和技术服务优势保持持续稳定的盈利能力。未来随着行业集中度的提升，行业内优势企业的定价能力也将逐步增强，企业的收入和利润水平有进一步提升空间。

10.2 颜料及其分类

颜料（pigment）属于重要的精细化工产品，广义地说，是指不溶于水、油等介质，但能够分散在其中的有色小颗粒状物质。

颜料的颜色是由于颜料对白光选择性吸收的结果。颜料选择吸收某种色光，就呈现其互补色光的颜色。明度（亮度）、色相（色调）、纯度（饱和度）三要素决定了颜色的特征。颜料的质量由色光、着色力、遮盖力、吸油量、耐光性、分散度、酸碱度、耐碱性、水渗性、耐酸性、石蜡渗性、耐有机溶剂性、水溶盐含量、含水量、纯度、相对密度等指标衡量。

根据来源不同，颜料可分为天然颜料和合成颜料两类。

天然颜料包括矿物性（无机）颜料和动植物性（有机）颜料。例如朱砂（HgS）、雄黄（AsS）等为矿物性颜料，藤黄（从海藤树中提取的黄色颜料）、胭脂虫红（从胭脂虫中提取的红色颜料）等为动植物性颜料。

合成颜料可分为无机颜料和有机颜料。无机颜料主要包括炭黑，以及铁、锌、钡、镉、铅等金属氧化物和盐，含铅、汞、镉、砷等成分的颜料，有较强的毒性，生产及使用时应加以注意。有机颜料从结构类型看主要有偶氮颜料和缩合稠环类颜料，偶氮颜料包括不溶性偶氮颜料、偶氮色淀颜料、缩合偶氮颜料等，缩合稠环类颜料包括酞菁类颜料、喹吖啶酮颜料、二噁嗪颜料等。

有机颜料是不溶性有机物，通常以高度分散状态加入底物而使底物着色。它与染料的根本区别在于，染料能够溶解在所用的染色介质中，而颜料则既不溶于使用它们的介质，也不溶于被着色的底物。不少颜料和染料在化学结构上是一致的，采用不同的使用方法，可以使它们之间相互转化，比如某些还原染料和硫化还原染料，若其还原成隐色体，则可以作为纤维染料；若不经还原，可以作为颜料用于高级油墨。有机颜料广泛用于油墨、油漆、涂料、合成纤维的原浆着色，塑料及橡胶、皮革的着色以及织物的涂料印花等，其中油墨颜料使用量最大。

实验 10-1 对乙酰氨基苯磺酰氯的制备

一、实验目的

(1) 掌握对乙酰氨基苯磺酰氯的制备方法。
(2) 掌握搅拌、回流、抽滤、干燥等基本操作。

二、实验原理

对乙酰氨基苯磺酰氯可用于合成多种磺胺药物，也可作为染料中间体。对乙酰氨基苯磺酰氯是浅褐色针状（从苯中）或棱柱状（从苯和氯仿中）结晶，熔点149 ℃（分解），溶于苯、乙醚、氯仿、二氯甲烷，在空气中易吸潮分解。本品有毒，有腐蚀性，对皮肤、黏膜有刺激性。

氯磺化所用的磺化试剂是氯磺酸，它的磺化能力较强。用等量或稍过量的氯磺酸进行磺化，得到的产物是芳磺酸。如果用过量很多的氯磺酸反应，最终产物是芳磺酰氯。由芳磺酰氯可以制得一系列芳磺酸衍生物。

用氯磺酸磺化时，被磺化物（反应物）、溶剂和反应器都必须干燥，因为氯磺酸遇水会立即水解为硫酸和氯化氢。

对乙酰氨基苯磺酰氯是以乙酰苯胺为原料，经氯磺化制得，反应式如下：

$$\underset{}{\text{C}_6\text{H}_5\text{NHCOCH}_3} \xrightarrow{2\text{ClSO}_3\text{H}} \underset{\text{SO}_2\text{Cl}}{\text{4-(CH}_3\text{CONH)C}_6\text{H}_4\text{SO}_2\text{Cl}} + \text{HCl} + \text{H}_2\text{SO}_4$$

三、仪器与试剂

（1）仪器：三口烧瓶（100 mL）、量筒、滴管、电热套、布氏漏斗、抽滤瓶、滤纸、冷凝管、台秤（天平）、搅拌器、温度计、刚果红试纸。

（2）试剂：乙酰苯胺、氯磺酸。

四、实验步骤

在装有冷凝管、搅拌器及温度计的 100 mL 干燥的三口烧瓶中，加入 5.7 g 乙酰苯胺，逐滴加入 24.5 g 氯磺酸，控制加料温度在 15 ℃ 以下，加毕，逐渐升温至 60 ℃，保温搅拌 2 h，冷却后将反应产物逐渐加入冰水中稀释，温度保持在 10 ℃ 以下，析出固体，抽滤，用水洗至刚果红试纸呈中性，真空干燥，得到对乙酰氨基苯磺酰氯，干燥后称重，计算收率。

【注释】

[1] 用于制备对乙酰氨基苯磺酰氯的反应器必须干燥，量取氯磺酸的玻璃仪器也必须干燥。量取氯磺酸时要小心，其具有腐蚀性。

[2] 在反应过程中要注意加入乙酰苯胺的速度，不能一次性倒入，控制加料温度在 15 ℃ 以下。

[3] 反应产物要逐渐加入冰水中稀释，并控制温度在 10 ℃ 以下。

五、思考题

（1）为什么氯磺化反应过程中必须无水？

（2）在本反应中，有何副反应的发生？如何减少副反应？

实验 10-2　从红辣椒中分离红色素

一、实验目的

（1）学习薄层色谱和柱色谱分离方法。

（2）了解提取天然产物的原理以及实验方法。

二、实验原理

天然产物（natural substances）指的是从天然动植物体内衍生出来的有机化合物。事实上，有机化学本身就是源于对天然产物的研究。19 世纪初，人们一直认为，只有从生命体内才能产生出有机化合物。因此，当时的有机化学家对天然产物表现出非常浓厚的兴趣就不足为奇了。在那些形形色色的天然产物中，有的可用作染料，有的能用作香料，有的甚至具有神奇的药效，如中药黄连可以治疗痢疾和肠炎，麻黄可以抗哮喘，金鸡纳树皮可医治疟疾，罂粟提取物具有镇痛作用。仅就这些具有各种药理活性的天然产物而言，就足以唤起有机化学家对其探究的热情。为什么这些天然产物具有这样的作用？其结构是什么样的？如何分离和提纯？如何人工合成？这些问题都是有机化学家所关注的焦点。不过在研究天然产物过程中，首先要解决的是天然产物的提取与纯化。如何提取和纯化天然产物呢？常用的方法有：溶剂萃取、水蒸气蒸馏、重结晶以及柱色谱等。

红辣椒含有多种色泽鲜艳的天然色素，其中呈深红色的色素主要是由辣椒红脂肪酸酯和少量辣椒玉红素脂肪酸酯所组成，呈黄色的色素则是 β-胡萝卜素：

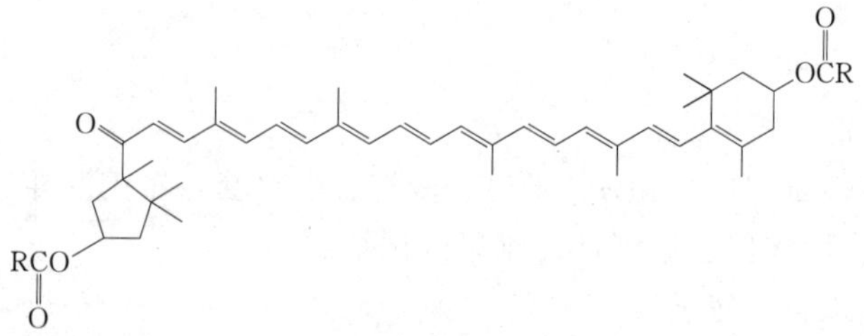

辣椒红脂肪酸酯

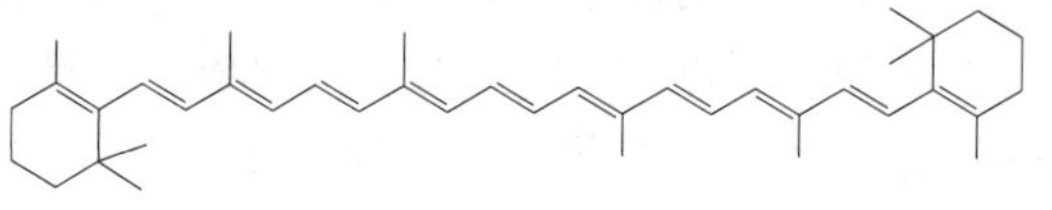

β-胡萝卜素

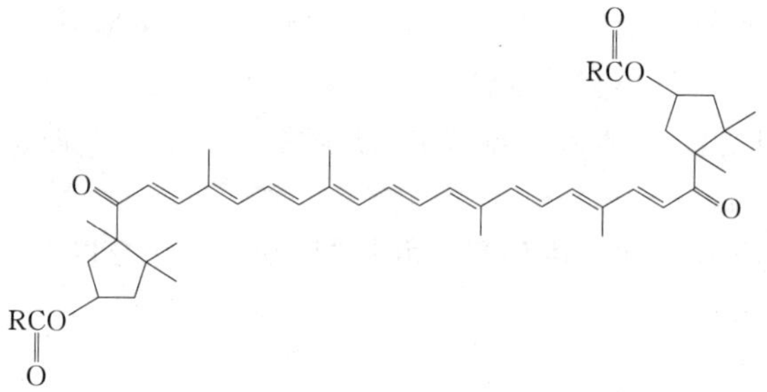

辣椒玉红素脂肪酸酯

这些色素可以通过色谱法加以分离。本实验以二氯甲烷作萃取剂，从红辣椒中提取出辣椒红色素。然后采用薄层色谱分析，确定各组分的 R_f 值，再经柱色谱分离，分段接收并蒸除溶剂，即可获得各个单组分。

三、仪器与试剂

（1）仪器：圆底烧瓶（25 mL）、研钵、旋转蒸发仪、回流冷凝管、电热套、普通漏斗、定性滤纸、蒸发皿、广口瓶（200 mL）、烧杯（25 mL）、玻璃棒、试管、带活塞的色谱柱、薄层色谱板、沸石、玻璃棉（或脱脂棉）。

（2）试剂：干燥红辣椒 1 g、二氯甲烷、硅胶（200～300 目）10 g。

四、实验步骤

在 25 mL 圆底烧瓶中，放入 1 g 干燥并研细的红辣椒和 2 粒沸石，加入 10 mL 二氯甲烷，装上回流冷凝管，加热回流 20 min 待提取液冷却至室温，过滤，除去不溶物，蒸发滤液收集色素混合物。

注意：蒸发操作应在通风橱中进行。

以 200 mL 广口瓶作薄板色谱展开槽、二氯甲烷作展开剂。取极少量色素粗品置于小烧杯中，滴入 2～3 滴二氯甲烷使之溶解，并在一块 3 cm×8 cm 的硅胶 G 薄板上点样，然后置入展开槽中展开。计算每一种色素的 R_f 值。

在色谱柱（直径 1.5 cm，长 30 cm）的底部垫一层玻璃棉（或脱脂棉），用以衬托固定相。用一根玻璃棒压实玻璃棉，加入洗脱剂二氯甲烷至色谱柱的 3/4 高度。打开活塞，放出少许溶剂，用玻璃棒压除玻璃棉中的气泡，再将 10 mL 二氯甲烷与 10 g 硅胶调成糊状，通过大口径漏斗加入柱中，边加边轻轻敲击色谱柱，使吸附剂装填致密。然后，在吸附剂上层覆盖一层细砂。

打开活塞，放出洗脱剂直到其液面降至硅胶上层的砂层表面，关闭活塞。将色素混合物溶解在约 1 mL 二氯甲烷中，然后用一根较长的滴管，将含色素的二氯甲烷溶液移入柱中，轻轻注在砂层上，再打开活塞，待色素溶液液面与硅胶上层的砂层平齐时，缓缓注入少量洗脱剂（其液面高出砂层 2 cm 即可），以保持色谱柱中的固定相不干。当再次加入的洗脱剂不再带有色素颜色时，就可将洗脱剂加至色谱柱最上端。在色谱柱下端用试管分段接收洗脱液，每段收集 2 mL，用薄层色谱法检验各段洗脱液，将相同组分的接收液合并，用旋转蒸发仪蒸发浓缩，收集红色素。

【注释】

[1] 做 TLC 实验时，注意展开剂的配比，当比移值高时该如何配比展开剂。

五、思考题

（1）色谱分离过程中有时会出现"拖尾"现象，一般是由于什么原因造成的？对分离结果有何影响？如何避免"拖尾"现象发生？

（2）色谱柱中有气泡会对分离带来什么影响？如何除去气泡？

实验 10-3　化学发光物质——鲁米诺的合成

一、实验目的

学习和掌握制备化学发光物质——鲁米诺的实验原理和方法。

二、实验原理

化学发光物质是一类比较特别的精细化学品，它具有独特的光化学性能。在某些引发剂的激活作用下，化学发光物质可发生一系列的化学反应。将物质内部的化学能迅速转变为光能，伴随着反应发出持续的亮光。若在反应体系中有选择地添加不同种类的荧光染料和溶剂，则可能改变化学发光的颜色和亮度，甚至可以在短时间内发出像荧光灯般明亮的光芒。因此，这类精细化学品在日用化工和装饰材料等方面有广阔的应用前景。

常用的化学发光材料有草酸酯类和氨基苯二甲酰肼类，本实验选择后一类化合物中的 3-氨基邻苯二甲酰肼（又称鲁米诺，Luminol）为合成的目标产物，并对其发光性能进行检验。

以 3-硝基邻苯二甲酸为原料与肼反应，生成中间产物 3-硝基邻苯二甲酰肼，进一步把 3-硝基邻苯二甲酰肼分子中的硝基还原为氨基，即得到化学发光物质——鲁米诺。

三、仪器与试剂

（1）仪器：回流冷凝管、温度计、三口烧瓶（100 mL）、锥形瓶（100 mL）、量筒、滴管、托盘天平、电热套、真空泵、抽滤瓶、布氏漏斗、滤纸、沸石、烧杯、玻璃棒。

（2）试剂：3-硝基邻苯二甲酸、氢氧化钠、二甲基亚砜、二甘醇、冰醋酸、肼（10％水溶液）、氢氧化钾、二水合连二亚硫酸钠。

四、实验步骤

本实验要在通风橱中进行操作。向装有温度计（浸入液面）和回流冷凝管的 100 mL 三口烧瓶中加入 4 g（0.019 mol）3-硝基邻苯二甲酸和 6 mL（0.019 mol）肼的 10％水溶液，加热使固体慢慢溶解，放置冷却。向反应瓶内加入 10 mL 二甘醇和数粒小沸石，改装为连接循环水真空泵的减压蒸馏装置，缓慢升温并同时小心地打开泵，将瓶内的水蒸气慢慢抽走，逐步升温至约 210 ℃ 并且保温反应 10 min。停止加热，降温至约 80 ℃ 时趁热将反应瓶内的物料转移至 200 mL 烧杯中，加入 60 mL 60～70 ℃ 的热水，搅匀，静置冷却结晶，抽滤，得到黄色的中间产物 3-硝基邻苯二甲酰肼。

向装有中间产物的烧杯中加入 20 mL 10％氢氧化钠水溶解，搅拌溶解，再加入 12 g（0.057 mol）二水合连二亚硫酸钠，加热至沸腾反应 10 min，在此期间，用玻璃棒间歇搅拌。反应完毕，降温至 50～60 ℃，加入 8 mL 冰醋酸进行酸化。静置冷却结晶，抽滤，干燥，得到土黄色的晶体鲁米诺约 2 g，产率约 60％，熔点 319～320 ℃。

化学发光试验：向干燥的 100 mL 锥形瓶中依次加入 3～5 g 氢氧化钾粉末、20 mL 二甲基亚砜和 0.2 g 经过抽滤并略含水分的鲁米诺（若用干燥的产品，要加 1～2 滴水），剧烈摇动锥形瓶片刻，置于暗处便可见到瓶内发出蓝白色的光。发光一般可持续 0.5 h，其亮度随摇动的力度和时间的增加而加强。

【注释】

［1］3-硝基邻苯二甲酸是白色或浅黄色的晶体，不溶于水而溶于醇、醚或苯等有机溶剂中。由于能与碱成盐，故它可溶于碱的水溶液中。

［2］无水的肼不容易获得和保存，市售的肼有一水合物和二水合物，也有含 35％、51％和 85％的水溶液。此外还有肼的无机酸盐。本实验所用的肼的 10％水溶液，可根据市售产品的含量加蒸馏水配制。

［3］二水合连二亚硫酸钠（$Na_2S_2O_3 \cdot 2H_2O$）俗称保险粉，白色粉末，是较强的还原剂。要注意选用未被氧化的、干燥的产品，储存时应避免受潮和长时间暴露在空气中。

［4］产品可在空气中晾干、在烘箱中于较低温度下烘干或置于表面皿上用蒸气浴加热干燥。用于化学发光实验的产品可不经干燥就直接使用。

五、思考题

（1）本实验鲁米诺合成的关键技术是什么？

（2）鲁米诺有什么用途？举例说明。

实验 10-4　Ⅱ号橙染料的合成及染色

一、实验目的

（1）通过实验，加深对重氮化、偶合反应的理解。

(2) 掌握重氮盐制备时应严格控制的操作条件。
(3) 了解纺织品的还原性染色、还原清洗、漂白过程。

二、反应原理

Ⅱ号橙是一种偶氮类染料。分子中的磺酸基是极性的，因而能与纤维上的极性位置相结合且结合紧密，广泛用于羊毛及丝织品的染色。

其合成步骤如下：

对氨基苯磺酸的重氮化

$$H_2N-C_6H_4-SO_3H \xrightarrow{Na_2CO_3} H_2N-C_6H_4-SO_3Na \xrightarrow{NaNO_2, HCl} NaO_3S-C_6H_4-N_2^+$$

2-萘酚的偶联

$$NaO_3S-C_6H_4-N_2^+ + \text{2-萘酚} \xrightarrow{NaOH} \text{Ⅱ号橙}$$

三、仪器与试剂

(1) 仪器：锥形瓶（125 mL）、烧杯、圆底烧瓶（250 mL）、淀粉-碘化钾试纸、恒温箱、托盘天平、玻璃棒、电热套、布氏漏斗、抽滤瓶、滤纸。

(2) 试剂：4-苯胺磺酸（对氨基苯磺酸）、2-萘酚（β-萘酚，2-羟基萘，乙萘酚）、2.5%碳酸钠、浓盐酸、亚硝酸钠、10%氢氧化钠、氯化钠、乙醇、硫酸钠、浓硫酸、保险粉（连二亚硫酸钠，强还原剂，一级遇湿易燃物品）。

四、实验步骤

(1) 对氨基苯磺酸的重氮化

在 125 mL 锥形瓶中（瓶口小，小心暴沸），将 4.8 g 对氨基苯磺酸结晶（慢慢加入）溶解在沸腾的 50 mL 2.5%碳酸钠溶液里。将溶液冷却（必须冷却，否则得不到白色重氮盐），再加入 1.9 g 亚硝酸钠搅拌使之溶解。将此溶液倒入装有约 25 g 冰（1 块）及 5 mL 浓盐酸的圆底烧瓶中，在 1~2 min 内应有粉状白色的重氮盐沉淀析出，用淀粉-碘化钾试纸检验，保持溶液温度在 0~5 ℃，放置 15 min 以保证反应完全。此物料准备后面使用，产物不用收集。

(2) 2-萘酚的偶联

在 400 mL 烧杯里将 3.6 g 2-萘酚溶于 20 mL 冷的 10% 氢氧化钠溶液中，并在搅拌下将重氮化了的对氨基苯磺酸的悬浮体倒入此溶液中（并冲洗之），偶联发生得较快，由于存在着相当过量的钠离子（由于加入碳酸钠、亚硝酸钠和碱所产生的），染料很容易以钠盐形式从溶液中分离出来。将这种结晶浆彻底搅拌使之很好混合，在 5~10 min 后将此混合物加热至固体溶解，再加 10 g 氯化钠以进一步减小产物的溶解度，加热并在搅拌下使它完全溶解，再将产物静置稍稍冷却后，用冰水浴冷却。减压抽滤，用饱和氯化钠溶液把物料从烧杯中洗出来，洗去滤饼上的暗色母液。

产物滤出后将其慢慢地干燥，它含有约 20%氯化钠，所得物料在纯化前无需干燥。这一固体的偶氮染料在水中的溶解度太大而不能从水中结晶出来，可以加饱和氯化钠溶液于已经滤过的热水中，再冷却，即得到满意的晶形。最好的结晶是从乙醇水溶液中得到。从乙醇水溶液中分离出来的Ⅱ号橙带有二分子结晶水。如果在 120 ℃干燥时失去结晶水则此产物变成火红色。

(3) 染色试验

① 用 0.5 g Ⅱ号橙染料（粗产品）、5 mL 硫酸钠溶液（1∶10）、300 mL 水及 5 滴浓硫酸一起配成染料浴，在接近沸点的温度下把一片试布放在浴中浸 5 min，然后将试布捞出并让它冷却。

② 将这片染过的布取一半重新放入溶液中，加碳酸钠，将溶液变成碱性，再加保险粉（连二亚硫酸钠）至颜色根除为止。

【注释】

［1］重氮化和偶合反应均需在 0～5 ℃的低温下进行。

［2］偶合反应也要控制在较低的温度下进行，要不断搅拌，还要控制反应介质的 pH。

［3］对氨基苯磺酸通常含有两个分子的结晶水。由于它是两性化合物，且酸性比碱性强，所以它以酸性内盐的形式存在。

［4］淀粉-碘化钾试纸若不显蓝色，可以补加少量亚硝酸钠，直到试纸刚呈蓝色。若亚硝酸钠过量，能加速重氮盐分解，可用尿素使亚硝酸分解。

［5］染色完成后，染样悬挂于无有害气体的空气流通处晾干，应避免阳光直接照射，或悬挂于温度不超过 60 ℃的烘箱中烘干。

五、思考题

(1) 什么是重氮化反应？在本实验制备重氮盐时，为什么要把对氨基苯磺酸变成钠盐？如改成先将对氨基苯磺酸与盐酸混合，再滴加亚硝酸钠溶液进行重氮化反应，可以吗？为什么？

(2) 什么叫偶联反应？试结合本实验讨论偶联反应的条件。

(3) 用Ⅱ号橙染料染色过的布，重新放入染料浴中加碳酸钠将溶液变成碱性，再加保险粉至染料浴中，颜色会褪除，为什么？

(4) 为什么要用过量的盐酸？否则会发生什么副反应？

实验 10-5　　2,4-二硝基苯酚的制备

一、实验目的

(1) 掌握 2,4-二硝基苯酚的制备方法。

(2) 了解 2,4-二硝基苯酚的性质和用途。

二、实验原理

外观为浅黄色单斜结晶，熔点 113 ℃，相对密度 1.683。溶于热水、乙醇、乙醚、丙酮、甲苯、苯、氯仿和吡啶，不溶于冷水。能随水蒸气挥发，加热升华。本品有毒，吸入后可引起多汗、虚脱、粒状白细胞减少等症状。大鼠经口 LD_{50} 为 30 mg/kg。

本品主要用于硫化染料的生产，如硫化黑 RN、BRN、2BRN 等；也可用于生产苦味酸和显影剂等；分析化学中用作酸碱指示剂，变色范围为 pH = 2.8（无色）～4.4（黄色）；还可用于检测钾、铵、镁等。

2,4-二硝基苯酚是以 2,4-二硝基氯苯为原料，在碱溶液中水解而得。反应方程式如下：

$$\underset{\underset{NO_2}{\overset{Cl}{\bigcirc}}NO_2}{} \xrightarrow{NaOH} \underset{\underset{NO_2}{\overset{ONa}{\bigcirc}}NO_2}{} \xrightarrow{HCl} \underset{\underset{NO_2}{\overset{OH}{\bigcirc}}NO_2}{}$$

三、仪器与试剂

(1) 仪器：搅拌器、温度计、圆底烧瓶（500 mL）、托盘天平、电热套、碱式滴定管、烧杯、抽滤瓶、布氏漏斗、滤纸。

(2) 试剂：2,4-二硝基氯苯、35％氢氧化钠、浓盐酸、刚果红试剂、乙醇。

四、实验步骤

在装有搅拌器、温度计的 500 mL 圆底烧瓶中，加入水 150 mL、2,4-二硝基氯苯 83 g。在搅拌下加热反应至 90 ℃，在 2 h 内滴加质量分数为 35％的氢氧化钠溶液 100 g，在全部加完碱过程中，应控制勿使反应物呈碱性，控制反应温度不超过 102～104 ℃，继续保温反应 30 min，取样溶于水中时，得到澄清的溶液，必要时可补加一些氢氧化钠。

反应结束后，冷却至室温，过滤析出的钠盐，再用水溶解，用浓盐酸酸化，使反应物对刚果红试剂呈酸性。过滤，水洗，用乙醇重结晶，干燥。得产品。称重，计算收率，测熔点。

【注释】

[1] 注意氢氧化钠的使用量。

[2] 注意控制反应温度。

五、思考题

(1) 该反应中，有何副反应？如何减少副反应的发生？

(2) 简述以苯酚为原料制备 2,4-二硝基苯酚的方法。

实验 10-6　对氨基苯磺酸的合成

一、实验目的

(1) 掌握对氨基苯磺酸的制备方法。

(2) 加深对磺化过程的理解。

二、实验原理

对氨基苯磺酸是一种重要的精细化工中间体，常用于制造偶氮染料等，也可用作防治麦锈病的农药。

芳胺在浓硫酸中首先生成芳胺硫酸盐，然后在高温下脱水并发生分子内重排，生成产物。

$$\underset{}{\overset{NH_2}{\bigcirc}} \xrightarrow{H_2SO_4} \underset{}{\overset{\overset{+}{NH_3} \cdot H_3SO_4^-}{\bigcirc}} \xrightarrow{-H_2O} \underset{}{\overset{NHSO_3H}{\bigcirc}} \longrightarrow \underset{\underset{NH_2}{}}{\overset{SO_3H}{\bigcirc}}$$

三、仪器与试剂

(1) 仪器：三口烧瓶（250 mL）、烧杯（250 mL）、量筒、搅拌器、电热套、托盘天平、酸式滴定管、球形冷凝器、抽滤瓶、布氏漏斗、锥形瓶、滤纸、温度计、表面皿。

(2) 试剂：苯胺、氢氧化钠、活性炭、浓硫酸。

四、实验步骤

在干燥的 250 mL 三口烧瓶中放置 27.1 mL（0.5 mol）浓硫酸，在搅拌下缓慢滴入 15.1 mL（0.167 mol）苯胺，升温到 180 ℃，反应 5 h，取少量反应混合物，加入氢氧化钠溶液，若无苯气味则反应完全。冷却后将反应混合液倾至盛有 100 mL 水的烧杯中静置，过滤出氨基磺酸的白色沉淀，烘干，称重。在盛有精产品的烧杯中加入 100 mL 水，加热至沸腾，再加水煮沸，直到固体全部溶解为止，然后将溶液稍冷却，加入少量活性炭后煮沸，再趁热过滤，滤液自然冷却后，过滤得到无色对氨基苯磺酸晶体，最后烘干，称重，计算收率。

【注释】

[1] 浓硫酸具有强腐蚀性，使用时注意安全。

五、思考题

为什么反应结束后，将反应液倒入水中，产品能析出？若有未反应苯胺，是否也能析出？

实验 10-7　活性艳红 X-3B 的制备

一、实验目的

(1) 理解活性染料的反应原理。
(2) 掌握 X 型活性染料的合成方法。

二、实验原理

活性染料又称反应性染料，其分子中含有能和纤维素纤维发生反应的基团。按活性基团可分为 X 型、K 型、KN 型、M 型、KD 型等。有关活性基团介绍见表 10-1。

表 10-1　活性燃料的类型、结构、用途和染色条件

类别	X 型	K 型	KN 型	M 型	KD、KE、KP 型	毛用活性染料
反应基团	二氯三嗪型	一氯三嗪型	β-硫酸酯乙基砜型	混合型	双三嗪型	乙基砜型
用途	棉纱、棉布、丝绒、丝绸染色	棉布的印花、轧染	棉布的卷染、轧卷和染色	棉布的染色、印花	棉布的染色	羊毛、丝绸、锦纶染色
染色条件	室温	蒸汽烘焙	40～60 ℃	60～80 ℃	60～90 ℃	90～100 ℃
碱剂	碳酸钠	碳酸氢钠	磷酸三钠、泡花碱	碳酸钠	碳酸钠	氨水

活性艳红 X-3B（reactive brilliant red X-3B）是枣红色粉末，溶于水呈现出蓝光红色，遇铁对色光无影响，遇铜色光稍暗，可用于棉、麻、黏胶纤维以及蚕丝、羊毛、锦纶的染色，也可用于丝绸印花，能与直接染料、酸性染料同印。它能与活性金黄 X-G、活性蓝 X-R 组成三原色，拼染多种中至深色的颜色，如橄榄绿、草绿、墨绿等，色泽丰满。

活性艳红 X-3B 为二氯三嗪型（即 X 型）活性染料。构造发色体的母体染料一般按酸性染料的合成方法进行合成，活性基团的引进一般由母体染料和三聚氯氰缩合得到。若以氨基萘酚磺酸作为偶合组分，则为了避免发生副反应，一般先将氨基萘酚磺酸和三聚氯氰缩合，

然后再进行偶合反应,这样可使偶合反应完全发生在羟基的邻位上。其反应方程式如下:

(1) 缩合

$$\text{H酸} + \text{三聚氯氰} \xrightarrow[3\sim 5\text{ h}]{5\sim 10\ ℃} \text{缩合产物} + HCl$$

(2) 重氮化

$$C_6H_5NH_2 + NaNO_2 + 2HCl \xrightarrow{0\sim 5\ ℃} C_6H_5N_2Cl + NaCl + 2H_2O$$

(3) 偶合

$$\text{缩合产物} + C_6H_5N_2Cl \xrightarrow[0\sim 5\ ℃]{Na_2CO_3,\ Na_3PO_4} \text{偶氮染料} + HCl$$

三、仪器与试剂

(1) 仪器:滴液漏斗、温度计、四口烧瓶(250 mL)、电热套、电动搅拌器、托盘天平、烧杯、抽滤瓶、布氏漏斗、滤纸。

(2) 试剂:1-氨基-8-萘酚-3,6-二磺酸(H酸)、苯胺、二聚氯氰、30%盐酸、亚硝酸钠、碳酸钠、20%磷酸三钠、20%碳酸钠、磷酸二氢钠、磷酸氢二钠、氯化钠、碎冰等。

四、实验内容与操作步骤

(1) 缩合反应

在装有电动搅拌器、滴液漏斗和温度计的250 mL四口烧瓶中加入30 g碎冰、25 mL冰水和5.6 g三聚氯氰,在0 ℃搅拌20 min,然后在1 h内加入H酸溶液(10.2 g H酸和1.6 g碳酸钠溶解在68 mL水中),加完后在8~10 ℃搅拌1 h,过滤,得黄棕色澄清缩合液。

(2) 重氮化反应

在250 mL烧杯中加入10 mL水、36 g碎冰、7.4 mL 30%盐酸、2.8 g苯胺,不断搅拌,在0~5 ℃时于15 min内加入2.1 g亚硝酸钠(配成30%溶液),加完后在0~5 ℃搅拌10 min,得淡黄色澄清重氮液。

(3) 偶合反应

在500 mL烧杯中加入上述缩合液和20 g碎冰,在0 ℃时一次加入重氮液,再用20%磷酸三钠溶液调节pH至4.8~5.1。反应温度控制在0~5 ℃,继续搅拌1 h。用20%碳酸钠溶液调节pH至6.8~7。加完后搅拌3 h。此时溶液总体积约310 mL,然后按体积的25%加入食盐盐析,搅拌1 h,过滤。滤饼中加入滤饼重量2%的磷酸氢二钠水溶液和1%的磷酸二氢钠水溶液,搅拌均匀,过滤,在85 ℃以下干燥,称量产品,计算收率。

【注释】

[1] 三聚氯氰遇空气中的水分会逐渐水解放出氯化氢气体,用后必须盖好瓶盖。

五、思考题

(1) 重氮化反应时应该注意什么?

(2) 活性艳红X-3B有什么用途?举例说明。

实验 10-8　大红粉颜料的制备

一、实验目的
(1) 理解有机颜料合成中重氮化反应和偶合反应的反应机理。
(2) 掌握有机颜料制备中过滤、洗涤、干燥等常见的操作。

二、实验原理
大红粉的化学名称为苯基偶氮-2-羟基-3-萘甲酰苯胺，化学式 $C_{23}H_{17}N_3O_2$。大红粉为桃红色粉末，是重要的红色有机偶氮颜料，具有着色力和遮盖力强、耐晒、耐酸、耐碱等优点。主要用于红色磁漆着色，也适用于乳胶制品、皮革、漆布水彩、油画以及印泥、油墨、文教用品和化妆品着色。

大红粉

在较低的温度下和强酸的水溶液中，苯胺与亚硝酸发生重氮化反应，生成重氮苯盐。因为重氮盐不稳定，温度稍高会分解，所以重氮化反应一般在较低的温度下进行，一般为 0～5 ℃。亚硝酸不稳定，容易分解，实验室常用亚硝酸钠的强酸溶液代替亚硝酸。在碱性条件下，重氮盐与色酚 AS 发生偶合反应，生成苯基偶氮-2-羟基-3-萘甲酰苯胺，即大红粉颜料。重氮盐与色酚 AS 偶合时，一般在稀碱溶液中进行。因为在碱中，酚转变成苯氧负离子，该离子是比羟基还强的致活基，更容易发生亲电取代反应。生成的苯基偶氮-2-羟基-3-萘甲酰苯胺再经过酸化、过滤、洗涤、干燥，即得较纯的产品。

三、仪器与试剂
(1) 仪器：烧杯（100 mL, 200 mL）、玻璃棒、电热套、温度计、电热恒温干燥箱、冰水浴、恒温水浴锅、托盘天平、布氏漏斗、抽滤瓶、滤纸、蒸发皿等。
(2) 试剂：苯胺、亚硝酸钠、浓盐酸、氢氧化钠、色酚 AS。

四、实验步骤
(1) 重氮化反应

在 100 mL 烧杯中加入 20 mL 蒸馏水，在冰水浴中降温至 3～5 ℃，然后加入 6.4 mL 37% 浓盐酸，再加入 2.5 g 苯胺，并搅拌溶解。称 1.9 g 亚硝酸钠，放于 10 mL 蒸馏水中溶解。在搅拌下，将亚硝酸钠溶液慢慢加入苯胺溶液中，并在 3～5 ℃下反应 30 min，生成氯化重氮苯。

(2) 偶合反应

在 200 mL 烧杯中，加入 30 mL 蒸馏水，投入 1.6 g 氢氧化钠，搅拌溶解。将氢氧化钠溶液升温到 80 ℃，搅拌下加入 7.2 g 色酚 AS，搅拌至完全溶解。再加入 80 mL 蒸馏水稀释，保持温度为 38～39 ℃。在搅拌下，将重氮化反应得到的氯化重氮苯溶液，缓缓加入上述色酚 AS 的溶液中，偶合反应 30 min。得到物料用于后处理过程。

（3）后处理过程

偶合反应得到的物料，用盐酸调节溶液 pH 为 7，升温至 90 ℃ 以上，保温 1 h，再进行抽滤。抽滤过程中用蒸馏水洗涤滤饼 2～3 次。滤饼转移到蒸发皿中，置于干燥箱中，控温在 80 ℃ 左右干燥，至水分完全蒸发。称重，计算收率。

【注释】

［1］苯胺有一定的毒性，实验时应保持室内通风。含有苯胺的废液应集中处理，不能随意丢弃。

五、思考题

（1）大红粉颜料制备成败的关键因素是什么？

（2）大红粉颜料有什么用途？举例说明。

第 11 章 功能材料

新型功能材料主要包括电子信息、能源、纳米、生物医用、高温超导、金刚石薄膜等材料。其中,最被外界熟知的有磁性材料、锂离子电池材料、太阳能电池材料等。超导材料以 NbTi、Nb_3Sn 为代表的实用超导材料已实现了商品化,在核磁共振人体成像(NMRI)、超导磁体及大型加速器磁体等多个领域获得了应用。生物医用材料作为高技术重要组成部分的生物医用材料已进入一个快速发展的新阶段,其市场销售额正以每年 16% 的速度递增,预计 20 年内,生物医用材料所占的份额将赶上药物市场,成为一个支柱产业。生态环境材料是 20 世纪 90 年代在国际高技术新材料研究中形成的一个新领域,其研究开发在日、美、德等发达国家十分活跃。智能材料是继天然材料、合成高分子材料、人工设计材料之后的第四代材料,是现代高技术新材料发展的重要方向之一,科学家预言,智能材料的研制和大规模应用将导致材料科学发展的重大革命。

实验 11-1 无氰碱性镀锌添加剂 DE 的合成

一、实验目的

掌握无氰碱性镀锌添加剂 DE 的合成工艺。

二、实验原理

$$(CH_3)_2NH + \text{环氧氯丙烷} \xrightarrow{\text{开环加成}} (CH_3)_2N-CH_2-CH(OH)-CH_2Cl$$

$$\xrightarrow{\text{季铵化反应}} (CH_3)_2N-CH_2-CH(OH)-CH_2-N^+(CH_3)_2H \cdot Cl^-$$

三、仪器与试剂

(1) 仪器:恒温磁力搅拌器、三口烧瓶(250 mL)、球形冷凝管、恒温水浴锅、温度计(0~100 ℃)、滴液漏斗(100 mL)。

(2) 试剂:二甲胺(40%)、环氧氯丙烷。

四、实验步骤

二甲胺极易挥发,反应是强烈的放热反应,因此反应在带有磁力搅拌器及球形冷凝管的三口烧瓶进行。先向三口烧瓶中加入 56 g 二甲胺,在水浴锅中冷却,打开球形冷凝管的冷却水,在搅拌的情况下,用滴液漏斗滴加 51 g 环氧氯丙烷,加入口要插入液面下,使混合良好,并控制滴加速度,加强冷却,滴加前 1/3 的量时,物料温度控制在 25~35 ℃。滴加完后,物料恒温控制在 85~95 ℃,保温反应 1 h。终点反应液 pH=7~8。

【注释】

[1] 环氧氯丙烷对皮肤有腐蚀性,切勿溅到手上。

五、思考题

无氰碱性镀锌添加剂 DE 的合成工艺是什么？

实验 11-2　水解法制备二氧化钛超细粉

一、实验目的

(1) 学习溶胶-凝胶法制备超细粉体的原理。
(2) 掌握二氧化钛超细粉的制备方法。
(3) 了解二氧化钛超细粉的主要性质和用途。

二、实验原理

(1) 二氧化钛及二氧化钛超细粉的主要性质和用途

二氧化钛（titanium dioxide）俗称钛白粉，分子式为 TiO_2，分子量为 61.90，二氧化钛为白色或微黄色粉末，无臭、无味，其化学性质稳定，在一般条件下与大部分化学试剂不发生反应。难溶于水及其他溶剂。二氧化钛存在三种不同的晶型：金红石型、锐钛矿型和板钛矿型。其晶型随温度呈如下变化：

$$板钛矿 \xrightarrow{650℃} 锐钛矿 \xrightarrow{915℃} 金红石$$

二氧化钛三种晶型的主要性质见表 11-1。

表 11-1　二氧化钛三种晶型的主要性质

晶型	板钛矿	锐钛矿	金红石
晶系	斜方	四方	四方
晶格常数/(10^{-10} m)	$a=5.44$ $b=9.17$ $c=5.14$	$a=3.73$ $c=9.37$	$a=4.59$ $c=2.96$
密度/(g/cm³)	4.0～4.23	3.87	4.25
莫氏硬度	5～6	5～6	6
折射率	2.58～2.741	2.493～2.554	2.616～2.903
转化温度/℃	650	915	—
介电常数(室温 1 MHz)	78	31	89
介电常数温度系数/10^{-6} ℃$^{-1}$	—	—	-800
线膨胀系数/10^{-6} ℃$^{-1}$	14.50～22.0	4.68～8.14	8.14～9.19
介电损耗/10^{-4}	—	—	3～5

二氧化钛在光学性质上具有很高的折射率，在电学性质上则具有高的介电常数，因此无机材料工业中它是制备高折射率光学玻璃以及电容器陶瓷、热敏陶瓷和压电陶瓷的重要原料，也是无线电陶瓷中有用的晶相。在电子行业中，以金红石型二氧化钛为主要成分烧制的金红石瓷是瓷质电容器的主要材料。二氧化钛在颜料工业和油漆工业等领域也大量使用。

二氧化钛超细粉（extrafine titanium dioxide powder）与普通二氧化钛粉相比，具有以下特性：①比表面积大；②表面能高；③熔点低；④磁性强；⑤光吸收性能好，且吸收紫外线的能力强；⑥表面活性大；⑦导热性能好，在低温或超低温下几乎没有热阻；⑧分散性好,用其制成的悬浮体稳定,不沉降,没有硬度。利用这些特性,开拓了二氧化钛许多新颖的应用领域,成为许多行业质量上等级的重要支柱。

二氧化钛超细粉可用作光催化剂、催化剂载体和吸附剂。例如,用二氧化钛超细粉催化处理含氮氧废气时,其活性比普通二氧化钛粉末要高得多。二氧化钛超细粉有较高的折射率,可见光透光性好,同时可以屏蔽长波紫外线和中波紫外线,使它成为配制防晒化妆品的理想材料。在汽车工业中,二氧化钛超细粉的金属散光面漆已被广泛应用。另外,二氧化钛超细粉还被广泛应用于特种陶瓷、食品包装材料、红外线反射材料、气体传感器和湿度传感器、陶瓷添加剂、高反射作用涂层、新型油漆、涂料、塑料、油墨等方面。

(2) 制备原理和工艺流程方框图

溶胶-凝胶(sel-gel)制备二氧化钛超细粉的主要反应式为:

$$TiCl_4 + 4NaOH \longrightarrow TiO(OH)_2 + 4NaCl + H_2O$$

$$TiO(OH)_2 \xrightarrow{脱水} TiO_2 + H_2O$$

其工艺流程见图 11-1。

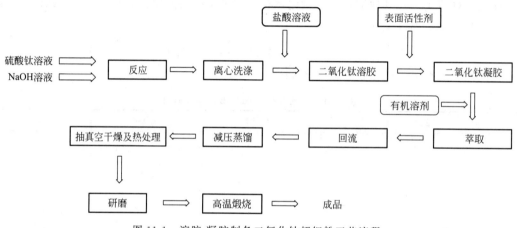

图 11-1 溶胶-凝胶制备二氧化钛超细粉工艺流程

三、仪器与试剂

(1) 仪器:电动增力搅拌机、冰水浴、真空干燥箱、玛瑙研钵、箱式电炉、酒精喷灯、烧杯、容量瓶(250 mL)、原子吸收分光光度计、扁形称量瓶、坩埚、温度计、托盘天平、pH 试纸、滤纸、漏斗、烘箱、E200F 显微镜。

(2) 试剂:四氯化钛(分析纯,质量分数≥99.0%,相对密度 1.726)、氢氧化钾(分析纯,质量分数≥99.0%)、浓盐酸(分析纯,质量分数≥36.0%)、十二烷基苯磺酸钠(化学纯)、无水乙醇(化学纯)、浓氨水、硫酸铵、$AgNO_3$ 溶液、硫酸、过氧化氢、氨水(1∶1)铵、EDTA 标准溶液、二甲酚橙指示剂、硝酸铋标准溶液。

四、实验步骤

(1) 配制浓盐酸的硫酸铵溶液 将 14.5 g 硫酸铵溶入 30 mL 水中,然后加入 0.5 g 浓盐酸,配制后总体积为 30 mL,待用。

(2) 在冰水浴下强力搅拌,将 6.2 mL $TiCl_4$ 滴入蒸馏水中(含 0.5 mL 浓盐酸)(保持低温度),并加入 0.1 g 十二烷基苯磺酸钠。

（3）将配制好的浓盐酸的硫酸铵水溶液在搅拌条件下滴加到所得的 $TiCl_4$ 水溶液中，混合过程控制温度小于 15 ℃。

（4）将混合物升温至 95 ℃，并保持 1 h 后，加入浓氨水，调节 pH 值至 8 左右。降温，并在室温下陈化 12 h。

（5）过滤，用蒸馏水洗去 Cl^-（用 0.1 mol/L 的 $AgNO_3$ 溶液检验）后，用无水乙醇洗涤 3 遍，过滤，室温条件下将沉淀真空干燥，得透明的二氧化钛超细粉颗粒。

（6）将制得的颗粒用研钵研磨，将二氧化钛超细粉于 400 ℃煅烧 2 h（升温速率为 3 ℃/min），即制得二氧化钛超细粉。

五、产品的技术指标

特种陶瓷用二氧化钛超细粉的技术指标应符合表 11-2 中的要求。

表 11-2　特种陶瓷用二氧化钛超细粉的技术指标　　单位：%（质量分数）

项目		指标
三氧化钛（TiO_2）	≥	98.5
三氧化二铝（Al_2O_3）	≤	0.2
三氧化二铁（Fe_2O_3）	≤	0.1
氧化钾+氧化钙（K_2O+CaO）	≤	0.2
氧化钙（CaO）	≤	0.2
氧化镁（MgO）	≤	0.1
二氧化硅（SiO_2）	≤	0.3
三氧化硫（SO_3）	≤	0.2
水分/%	≤	0.5
粒径/μm	≤	1.2
主晶相金红石	≥	99

六、产品的分析方法

（1）TiO_2 含量的测定

称取 0.2 g 试样于热解石墨坩埚中，加 4 g 氢氧化钾。在电炉上熔融至均匀状态，再于喷灯上灼烧至暗红。旋转坩埚使熔融物附于坩埚壁上，冷却。将坩埚连同熔融物放入盛有约 100 mL 水的烧杯中，旋转坩埚使残渣脱落，加入 25 mL 硫酸（1:1），搅拌至清亮。

从坩埚中取出的产物用水洗净、煮沸、冷却，转移至 250 mL 容量瓶中，稀释至刻度。吸取 25 mL 试液于 300 mL 烧杯中，加入 10 mL 质量分数为 30% 的过氧化氢，加入过量的 2.00 mol/L EDTA 标准溶液（过量约 5 mL），用水稀释至 200 mL，以氨水（1:1）调至 pH=1.7～2，加入 5 滴二甲酚橙指示剂，用 0.02 mol/L 硝酸铋标准溶液回滴至溶液呈橙红色为终点。

TiO_2 的质量分数按下式计算：

$$w(TiO_2) = \frac{(V_1 - V_2) \times T(TiO_2) \times 10}{m \times 1000} \times 100\%$$

式中　V_1——加入 EDTA 标准溶液的体积，mL；

V_2——回滴时消耗硝酸铋标准溶液的体积，mL；

$T(TiO_2)$——EDTA 标准溶液对二氧化钛的滴定度，mL/mL；

m——试样质量，g。

(2) Al_2O_3、Fe_2O_3、K_2O、Na_2O、CaO、MgO、SiO_2、SO_3 含量的测定

采用原子吸收分光光度计测定 Al_2O_3、Fe_2O_3、K_2O、Na_2O、CaO、MgO、SiO_2、SO_3 的含量。

(3) 水分含量的测定

于已恒重的扁形称量瓶（直径 50 mm、高 30 mm）中，称取 3～4 g 试样（称准至 0.0002 g），在 (105±2)℃烘箱中烘至恒重。

$$w(H_2O) = m_1/m \times 100\%$$

式中 m_1——干燥失重量，g；

m——试样质量，g。

(4) 粒子的观测及粒径的测定 利用 E200F 显微镜观察，使用颗粒度测定仪测定粒径及其粒径分布。

七、思考题

(1) 二氧化钛超细粉体有哪些特殊性质和用途？

(2) 简述溶胶-凝胶法制备二氧化钛超细粉的原理。

(3) 制备过程中加入盐酸溶液和无水乙醇各有什么作用？

实验 11-3 高吸水性树脂的制备

一、实验目的

(1) 理解高吸水性树脂制备的基本原理。

(2) 掌握实验中沉析、真空干燥等常见的操作。

二、实验原理

高吸水性树脂或称超吸水性树脂（SAR），是指能吸收自身质量几百倍甚至上千倍水分的高分子聚合物，在日常生活、农业、医药及其他工业部门有广泛用途。例如，高吸水性树脂可用作香料载体、尿不湿的吸水材料；农业上用作园艺保水剂；工业上用作油水分离材料、污水处理剂、溶剂脱水剂；医药上用作人工肾脏过滤材料、血液吸附剂等，其很多用途正处于开发研究之中。

本实验以淀粉、丙烯腈为原料制备高吸水性树脂，主要的化学反应有两个，即接枝反应和水解反应。接枝反应是以水为介质，以铈盐为引发剂，将丙烯腈接枝到已糊化的淀粉链上。水解反应是在氢氧化钠的作用下，将接枝聚合物侧链上的氰基转变为酰胺基和羧酸盐基。其反应式如下：

$$R_{st} + Ce^{4+} \longrightarrow R_{st}\cdot + Ce^{3+}$$

$$R_{st}\cdot + nCH_2=CH(CN) \longrightarrow R_{st}\text{-}[CH_2\text{-}CH(CN)]_n$$

水解反应：

$$R_{st}\text{-}[CH_2\text{-}CH(CN)]_n \xrightarrow{NaOH} R_{st}\text{-}[CH_2\text{-}CH(COONa)]_x\text{-}[CH_2\text{-}CH(CONH_2)]_y$$

作为吸水材料必须具备两个条件：一是自身带有较多的吸水基团，二是本身不溶于水。本实验制备的树脂是以淀粉为骨架，与丙烯腈接枝共聚成高分子化合物，不溶于水，侧链上的氰基又经过水解转化为亲水性很强的羧酸盐基和酰胺基，使其具有极强的吸水性。因此，水解反应是使接枝共聚物实现其吸水性关键的一步反应，而水解反应条件选择的好坏直接影响到高吸水性树脂吸水性的高低。

三、仪器与试剂

（1）仪器：电热恒温水浴锅、电动搅拌器、三口烧瓶（500 mL）、氮气钢瓶、托盘天平、量筒、抽滤瓶、布氏漏斗、滤纸、真空干燥箱、烧杯。

（2）试剂：玉米淀粉、丙烯腈、硝酸铈铵、氢氧化钠、硝酸、乙酸、95%乙醇。

四、实验步骤

称量淀粉 10 g 装入 500 mL 的三口烧瓶内，加 200 mL 蒸馏水搅拌制成淀粉浆。在氮气保护下，在 80~85 ℃ 糊化 30~40 min，然后冷却到 20~40 ℃。将硝酸铈铵用 1 mol/L 的硝酸配成 0.1 g/mL 的溶液，取 3 mL 硝酸铈铵溶液与 16 g 丙烯腈混合，配制成丙烯腈的硝酸铈铵溶液。将丙烯腈的硝酸铈铵溶液加入淀粉糊中，在 20~40 ℃ 下搅拌反应 1~2 h。用稀氢氧化钠溶液调节 pH 值至 7，加 40 mL 蒸馏水，加热至 80 ℃，保温 30 min，除去未反应的丙烯腈。然后加入 2 mol/L 氢氧化钠溶液 160 mL，于 100 ℃ 皂化 2 h。冷却至室温，用乙酸调节 pH 值至 7~7.5，用乙醇沉析，真空抽滤，于 60~80 ℃ 下真空干燥，粉碎即得到高吸水树脂。准确称取树脂约 0.1 g 置于烧杯中，加去离子水约 150 mL，静置 1 h 后，滤去水分，称重，计算吸水倍率。

五、实验记录与数据处理

高吸水性树脂的吸水倍率用下式计算：

$$吸水倍率 = \frac{m_2 - m_1}{m_1}$$

式中　m_2——吸水后树脂质量，g。

　　　m_1——干树脂质量，g。

【注释】

[1] 丙烯腈的蒸气有毒，实验时应保持室内通风。

六、思考题

(1) 吸水材料有什么结构特征？

(2) 吸水材料有什么用途？举例说明。

实验 11-4　光致变色聚合物的制备

一、实验目的

(1) 理解光致变色的基本原理。

(2) 掌握光致变色聚合物的制备方法。

二、实验原理

聚甲基十一碳酰基偶氮苯硅氧烷是一种光致变色聚合物，在光照下（特别是紫外线或可见光），偶氮键发生顺反式改变，从而导致聚合物颜色的改变。主要应用于光电子器件、记录存储介质和全息照相等高科技方面。

光致变色高分子是在高分子侧链上引入可逆变色基团，由于光照时化学结构产生变化，使其对可见光吸收的波长也发生变化，因而产生颜色的变化。在停止光照后，又恢复原来的颜色。本实验中，4-氨基偶氮苯、十一烯-10-酰氯、聚甲基硅氧烷为反应性物料，甲苯为溶剂，甲醇为沉淀剂，环戊二烯二聚体铂铱复合物是硅氢化反应的催化剂。反应生成的最终产物——聚甲基十一碳酰基偶氮苯硅氧烷，在光照下，偶氮键发生顺反式的改变，从而导致聚合物颜色的改变。

三、仪器与试剂

(1) 仪器：托盘天平、电热恒温水浴锅、电动搅拌器、冰水浴、三口烧瓶（250 mL）、温度计、布氏漏斗、抽滤瓶、滤纸等。

(2) 试剂：4-氨基偶氮苯、十一烯-10-酰氯、环戊二烯二聚体铂铱复合物、聚甲基硅氧烷、甲苯、乙醇。

四、实验步骤

(1) 中间产物的合成　称量 4-氨基偶氮苯 20 g、十一烯-10-酰氯 30.4 g，加入 250 mL 的三口烧瓶中。在 60 ℃下搅拌反应 30 min，反应生成中间产物 4-十一烯-10-酰氨基偶氮苯。

(2) 重结晶　将生成的 4-十一烯-10-酰氨基偶氮苯溶于热的甲苯中，制成饱和溶液，趁热过滤。将滤液置于冰水浴中降温，这时有结晶析出。用布氏漏斗过滤，得到 4-十一烯-10-酰氨基偶氮苯晶体。

(3) 硅氢化反应　在烧瓶中加入 100 mL 蒸馏水，取 4-十一烯-10-酰氨基偶氮苯晶体 20 g，与 10 g 聚甲基硅氧烷混合，加入烧瓶中，并加适量的催化剂环戊二烯二聚体铂铱复合物，在 50 ℃下搅拌反应 1 h，生成聚甲基十一碳酰基偶氮苯硅氧烷。

(4) 沉淀　将反应混合液冷却到室温加 100 g 乙醇，此时有沉淀聚甲基十一碳酰基偶氮苯硅氧烷生成。

(5) 干燥　将沉淀过滤、干燥，得光致变色聚合物——聚甲基十一碳酰基偶氮苯硅氧烷。

分别用可见光和紫外线照射本实验产品，观察并记录其颜色的变化。

【注释】

［1］本实验所用溶剂甲苯有毒，操作过程中应保证实验室通风良好。含有甲苯的废液统一回收处理。

五、思考题

(1) 介绍其他类型的光致变色聚合物。

(2) 偶氮化合物还有什么其他应用？

实验 11-5 甲基丙烯酸甲酯的本体聚合

一、实验目的

掌握本体浇注聚合的合成方法及有机玻璃的生产工艺。

二、实验原理

聚甲基丙烯酸甲酯具有优良的光学性能，密度小，机械性能好，耐候性好。在航空、光学仪器、电气工业、日用品等方面用途广泛。甲基丙烯酸甲酯通过本体聚合方法可以制得有机玻璃，由于分子链中有庞大侧基存在，为无定形固体，其最突出的性能是具有高度的透明性，它的密度小，制品比同体积无机玻璃轻巧得多，同时又具有一定的耐冲击性与良好的低温性能，是航空工业与光学仪器制造工业的重要原料，主要用作航空透明材料（如飞机风挡和座舱罩等）、建筑透明材料（如天窗和天棚等）、仪表防护罩、车辆风挡、光学透镜、医用导光管、化工耐腐蚀透镜、设备标牌、仪表盘和罩盒、汽车尾灯灯罩、电器绝缘部件及文具和生活用品。悬浮法制得的聚甲基丙烯酸甲酯的分子量比浇注型的低，可以注射、模压和挤出成型，主要用于制交通信号灯罩、工业透镜、仪表控制板、设备罩壳和假牙、牙托、假肢及其他模制品。

甲基丙烯酸甲酯是一种活性高而易于均聚和共聚的单体，工业上通常采用本体浇注法和悬浮法制备其均聚物。

由于甲基丙烯酸甲酯本体聚合时易产生凝胶效应、易爆聚、体积收缩率大等，所以工业上采用 90 ℃预聚、40～70 ℃聚合、120 ℃后聚合的三段聚合工艺。生产 8～12 mm 厚有机玻璃的典型配方为：单体 100 份、偶氮二异丁腈 0.025 份、邻苯二甲酸二丁酯 5 份、硬脂酸 0.2 份、甲基丙烯酸 0.1 份。

悬浮法制备聚甲基丙烯酸甲酯采用逐步升温法，由常温逐步升至 90 ℃，典型配方为：单体 70 份、软水 420 份、聚甲基丙烯酸钠 18 份、过氧化苯甲酰 0.54 份、聚乙烯醇 0.025 份。此外，甲基丙烯酸甲酯还可与其他烯类单体或丙烯酸酯类单体产生共聚，以溶液或乳液聚合方式生产，用于涂料、胶黏剂等精细化工行业。

如果直接做甲基丙烯酸甲酯（MKA）的本体聚合，则由于发热而产生气体，只能得到有气泡的聚合物。如果选用其他聚合方法（如悬浮聚合等），由于杂质的引入，产品的透明度远不及本体聚合方法。为此，工业上或实验室目前多采用浇注聚合的方法。即：将本体聚合迅速进行到某种程度（转化率 10% 左右）做成单体中溶有聚合物的黏稠溶液（预聚物）后，再将其注入模具中，在低温下缓慢聚合使转化率达到 93%～95%，最后在 100 ℃下高温聚合至反应完全。

三、仪器与试剂

(1) 仪器：电动搅拌器、温度计、球形冷凝管、三口烧瓶（250 mL）、托盘天平、量筒、水浴锅、烘箱、玻璃板、胶管。

(2) 试剂：甲基丙烯酸甲酯（MKA）、偶氮二异丁腈（AIBN）。

四、实验步骤

（1）模具制备

将两片平板玻璃（150 mm×150 mm）洗净烘干，在玻璃片间垫好用玻璃纸包紧的胶管（4 mm×1.5 mm），围成方形并留出灌料口，然后用铁夹夹紧，备灌模用。

（2）预聚合反应

在 250 mL 的三口烧瓶中安装搅拌器、球形冷凝管、温度计。先加入 47 mg AIBN，再加入 MKA 100 mL，开动搅拌使 AIBN 溶解在单体中，加热水浴，当温度达到 90 ℃时保温 5 min，然后使物料在 80～85 ℃维持 30 min 左右，观察黏度，当物料呈蜜糖状时，用冷水浴骤然降温至 40 ℃以下终止反应并停止搅拌，将三口烧瓶中预聚物灌入已备好的模具中，封好灌料口。

（3）低温聚合反应

将上述模具放入烘箱中，升温至 52 ℃，保温 7 h（此时用铁针刺探有机玻璃，应有弹性出现），低温聚合结束，抽掉胶管。

（4）高温聚合反应

抽出胶管的模具在烘箱中继续缓慢升温到 100 ℃，保温 1.5 h 后，烘箱停止加热，自然冷却到 40 ℃以下，取出模具脱掉玻璃片即得光滑无色透明的有机玻璃板。

【注释】

[1] 聚合反应所用塞子应采用软木塞，并防止杂质混入反应体系，影响聚合反应。

[2] 灌入时预聚物中如有气泡应设法排出。

[3] 高温聚合反应结束后，应自然降温至 40 ℃以下，再取出模具进行脱模，以避免骤然降温造成模板和聚合物的破裂。

五、思考题

（1）本体聚合对单体有何要求？

（2）如果最后产物出现气泡，试分析原因？

（3）凝胶效应进行完毕后，为什么要提高反应温度？

第 12 章　医药中间体

化学药品是指具有防治疾病功能的化学品的总称。包括原料药和制剂。原料药按来源可分为天然药物和化学药物，按生产方式可分为天然提取药物、生物合成药物和化学合成药物三大类。

天然提取药物是指从动物、植物、微生物或矿物中提取分离得到的医药原料；生物合成药主要是利用微生物发酵获得，也可通过动物体内生物代谢途径、利用细胞培养途径或通过对发酵原药的分子进行化学改造途径获得；化学合成药按药理作用不同可分为抗感染药物、抗寄生虫药物、抗溃疡病药物、抗心绞痛药物、抗肿瘤药物等。

所谓医药中间体，实际上是一些用于药品合成工艺过程中的化工原料或化工产品。这类化工产品不需要药品的生产许可证，在普通的化工厂即可生产，只要达到一定级别，即可用于药品的合成生产。医药中间体行业是精细化工行业中的一个重要分支。经过多年的发展，我国医药生产所需的化工原料和中间体基本能够配套，只有少部分需要进口。

随着科学技术的进步，许多药物源源不断地被开发出来而造福人类，这些药物的合成依赖于新型、高质量的医药中间体的生产，因此新型医药中间体国内外市场发展空间和应用前景都十分看好。

实验 12-1　烟酸的制备

一、实验目的
（1）掌握烟酸的制备原理和方法。
（2）掌握搅拌、蒸馏、抽滤、重结晶、干燥等基本操作。

二、实验原理
烟酸为白色结晶或结晶性粉末，无臭或有微臭，热稳定性好，能升华，工业上常采用升华法提纯烟酸。烟酸外观为白色或微黄色晶体，主要存在于动物内脏、肌肉组织，水果、蛋黄中也有微量存在，是人体必需的 13 种维生素之一，属于维生素 B 族。

目前，烟酸主要用于饲料添加剂，可提高饲料蛋白的利用率，提高奶牛产奶量及鱼、鸡、鸭、牛、羊等禽畜肉产量和质量。烟酸还是一种应用广泛的医药中间体，以其为原料，可以合成多种医药，如尼可刹米和肌醇烟酸酯等。此外，烟酸还在发光材料、染料、电镀行业等领域发挥着不可替代的作用。

烟酸水溶液呈酸性。在沸水或沸乙醇中溶解；在水中略溶，乙醇中微溶，在乙醚中几乎不溶，在碳酸氢钠和氢氧化钠溶液中均易溶。熔点为 234～238 ℃。

烟酸作为医药中间体，可用于生产异烟肼、烟酰胺等。它可以由 3-甲基吡啶为原料，用高锰酸钾氧化反应制得 3-吡啶甲酸钾，进一步用盐酸酸化得到 3-吡啶甲酸。

$$\text{3-methylpyridine} \xrightarrow{KMnO_4} \text{3-pyridine-COOK} \xrightarrow{HCl} \text{3-pyridine-COOH}$$

三、仪器与试剂

（1）仪器：托盘天平、磁力搅拌器、三口烧瓶（250 mL）、温度计、球形冷凝管、恒温水浴锅、量筒、电热套、布氏漏斗、抽滤瓶、滤纸、蒸馏头。

（2）试剂：3-甲基吡啶、高锰酸钾、浓盐酸、活性炭。

四、实验步骤

在装有球形冷凝管、磁力搅拌器及温度计的 250 mL 的三口烧瓶中，加入 3-甲基吡啶 4.6 g（0.05 mol）和水 50 mL，加热至 80 ℃后，再在搅拌下分批加入高锰酸钾 16 g（0.1 mol）。加料完毕，继续搅拌 30 min，并控制温度在 85～90 ℃。反应完毕，蒸馏回收未反应的 3-甲基吡啶，并趁热滤出生成的 MnO_2 沉淀。所得滤液（含烟酸）用浓盐酸酸化至 pH=3.8～4。再冷却至室温，结晶。过滤，得到粗产品。

所得粗产品用水重结晶，活性炭脱色。趁热抽滤，冷却，析出白色固体，过滤、水洗至 pH=4～5，在 100 ℃下干燥，可得产品，产率可达 86%。熔点 234～238 ℃。称重，计算产率。

【注释】

[1] 要分批加入高锰酸钾，防止反应过于剧烈冲出反应瓶。

五、思考题

（1）重结晶时使用活性炭脱色应当注意哪些问题？应当怎样操作？

（2）用盐酸酸化时应当注意哪些问题？

实验 12-2　2,4-二羟基苯乙酮的制备

一、实验目的

（1）掌握 2,4-二羟基苯乙酮的制备原理和方法。

（2）巩固搅拌、回流、抽滤、干燥等基本操作。

二、实验原理

2,4-二羟基苯乙酮为白色针状或叶状晶体，溶于热醇、吡啶及冰醋酸，几乎不溶于醚、苯和氯仿。熔点 143～144.5 ℃。本品是有机合成原料，也是一种药物中间体，医药工业用于制备治疗冠心病的药物——乙氧黄酮。它可由间苯二酚与乙酸反应制得：

$$\text{间苯二酚} + CH_3COOH \xrightarrow{ZnCl_2} \text{2,4-二羟基苯乙酮} + H_2O$$

三、仪器与试剂

（1）仪器：搅拌器、冷凝管、三口烧瓶（100 mL）、温度计、托盘天平、量筒、电热套、布氏漏斗、抽滤瓶、滤纸、pH 试纸。

（2）试剂：无水 $ZnCl_2$、冰醋酸、间苯二酚、冰。

四、实验步骤

在装有冷凝管、搅拌器及温度计的 100 mL 干燥的三口烧瓶中，加入无水 $ZnCl_2$ 4 g 和

冰醋酸 10 mL，加热搅拌，使无水 $ZnCl_2$ 充分溶解于冰醋酸中（温度不超过 100 ℃）。然后加入间苯二酚 2.8 g（0.025 mol），在 115～120 ℃ 下回流反应 1.5 h。将反应液稍微冷却后，直接倒入冰水中，析出深红色固体。将析出的固体过滤，用水洗至中性。在 80 ℃ 下干燥，称重，计算产率。

【注释】
[1] 冰醋酸在使用前要重蒸。
[2] 要使用无水 $ZnCl_2$。

五、思考题
(1) 为什么不使用乙酰氯作酰化试剂而使用冰醋酸？
(2) 本实验有什么副反应？该如何避免副反应的发生？

实验 12-3　二苯丙酸的合成

一、实验目的
(1) 掌握以三氯化铝为催化剂进行无水操作的一般规律。
(2) 了解以烯烃为烃化剂的反应原理。

二、实验原理
二苯丙酸又名 3,3-二苯基丙酸、对苯基苯丙酸、二苯甲基乙酸、苯基氢化肉桂酸，为白色粉末状固体。其熔点 157 ℃，溶于乙醇和苯，不溶于水，用于制备治疗冠心病的药物心可定，也是用于合成解痉药米尔维林（Milverine）的主原料及其他医药中间体。

卤代烃、烯烃、醇、环氧乙烷等在 Lewis 酸催化剂的作用下，都能产生烷基碳正离子，因此卤代烃、烯烃、醇是常用的烃基化试剂，常用的 Lewis 酸有 $AlCl_3$、BF_3、$FeCl_3$ 等。当卤代烃或烯烃为烃基化试剂时，只需催化量的 Lewis 酸即可；当环氧乙烷为烃基化试剂时，至少要用等物质的量的 Lewis 酸催化剂才行。质子酸也能使烯烃和醇产生烷基碳正离子，因此也能做烃化反应的催化剂。常用的质子酸有 HF、H_2SO_4、H_3PO_4 等。

二苯丙酸可由苯和肉桂酸在无水 $AlCl_3$ 存在下进行烃化反应制得，反应式如下：

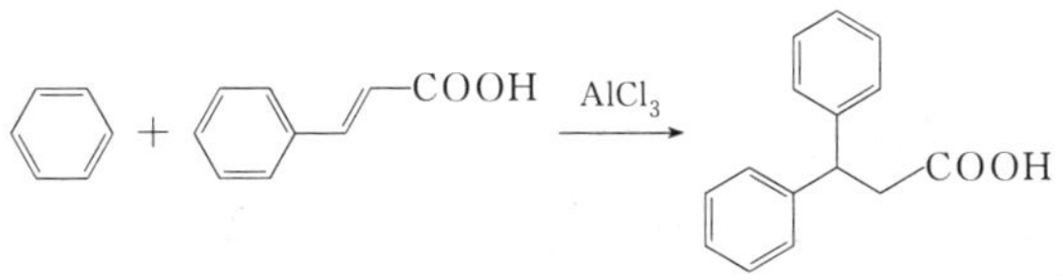

三、仪器与试剂
(1) 仪器：三口烧瓶（250 mL，500 mL）、圆底烧瓶（500 mL）、托盘天平、量筒、电热套、搅拌器、冰浴锅、温度计（0～200 ℃）、球形冷凝管、干燥管、导气管、烧杯（500 mL）、抽滤瓶、布氏漏斗、滤纸、恒温烘箱、pH 试纸。
(2) 试剂：肉桂酸、无水苯、无水三氯化铝、15%碳酸钠、无水氯化钙、盐酸、冰。

四、实验步骤
在干燥的配有温度计、搅拌器和带无水氯化钙的干燥管（上接有 HCl 导气管）的球形冷凝管的 250 mL 三口烧瓶中，投入 10 g 肉桂酸，85 mL 无水苯。启动搅拌，外用冰浴冷却,使瓶内温度降到 0 ℃左右时,迅速投入 9 g 无水 $AlCl_3$,在 0~4 ℃搅拌 1 h。将剩余的 9 g 无水 $AlCl_3$ 全部投入,控制内温在 10~15 ℃,保温搅拌 2 h。搅拌下,将反应液缓慢地加到盛有 20 mL 盐酸和 100 mL 水配成的冷却至 5 ℃左右的酸水液的 500 mL 烧杯中,并使其逐渐降温,进行水解。将水解物移送到 500 mL 圆底烧瓶中,搅拌冷却到 18 ℃左右,加热,常压蒸除苯,直到内温达 100 ℃时停止蒸馏。冷却至室温,过滤,将滤饼压碎,用适量冰水洗涤至洗出液 pH=3~4。

将滤饼转入装有温度计、搅拌器、球形冷凝管的 500 mL 三口烧瓶中,缓慢地加入 150 mL 15%的 Na_2CO_3 水溶液。启动搅拌,逐渐地升温到内温达 90 ℃时,搅拌 10 min,再用 15%的 Na_2CO_3 水溶液调至 pH=8。向反应瓶中加入适量的 90 ℃左右热水,搅拌 20 min,趁热过滤,滤液用浓盐酸调至 pH=2~3,析出白色晶体,静置,冷却,过滤,置烘箱中 100 ℃干燥,即得产品,熔点 151~155 ℃,收率 85%~90%。

【注释】

[1] $AlCl_3$ 易吸潮,称料、碾磨时要迅速。

[2] 滤饼要尽量压碎,以便进行中和时,效果较好。

[3] 产品的钠盐溶于一定量的热水中,为避免过滤途中析出晶体,可在反应中途添加适量的热水。

[4] 趁热过滤前,应先备有 250 mL 90~100℃左右的热水,以便洗涤漏斗中析出的晶体。

五、思考题

(1) 在进行烃基化反应时为什么要忌水?

(2) 试说明先后调节 pH 的原因。

实验 12-4 甲基硫氧嘧啶的合成

一、实验目的

(1) 了解缩合生成嘧啶环的常用原料与方法。

(2) 掌握本反应原理及常用催化剂。

二、实验原理

甲基硫氧嘧啶为白色或淡黄色结晶状粉末,无臭,味苦。极微溶于水或乙醇,溶于氨溶液或氢氧化钠溶液。能阻止甲状腺内酪氨酸的碘化以及碘化酪氨酸的缩合,从而抑制甲状腺激素的合成,但不影响机体对碘的摄取,不能对抗已形成的激素,故口服后需数天待体内原有激素消耗快完才能显效。口服后代谢较快,故维持时间短。药物广布于全身各组织,能通过胎盘,也出现在乳汁中,主要用于轻度甲状腺功能亢进、甲状腺危象、甲状腺功能亢进的手术前准备及术后治疗。

甲基硫氧密啶是分子中含有 2 个杂氮原子的六元含氮杂环芳香化合物,一般是乙酰乙酸乙酯、丙二醛、丙二酸二酯等与尿素或硫脲通过缩合反应合成的。本实验采用乙酰乙酸乙酯先与硫脲进行胺解反应,然后在碱催化下,与胺进行缩合反应,制得甲基硫氧嘧啶。反应式如下:

$$CH_3-\underset{\underset{O}{\|}}{C}-CH_2-\underset{\underset{O}{\|}}{C}-OEt + H_2N-\underset{\underset{S}{\|}}{C}-NH_2 \xrightarrow{-EtOH} CH_3-\underset{\underset{O}{\|}}{C}-CH_2-\underset{\underset{O}{\|}}{C}-HN-\underset{\underset{S}{\|}}{C}-NH_2$$

$$\xrightarrow[\text{无水 } Na_2CO_3]{-H_2O}$$ (6-甲基-2-硫氧嘧啶结构)

三、仪器与试剂

（1）仪器：三口烧瓶（250 mL）、电热套、搅拌器、温度计（0～200 ℃）、球形冷凝管、托盘天平、烧杯（250 mL）、量筒、抽滤瓶、布氏漏斗、滤纸、恒温烘箱、研钵、玻璃棒、pH试纸。

（2）试剂：硫脲、乙酰乙酸乙酯、无水碳酸钠、浓盐酸、蒸馏水、冰水。

四、实验步骤

在装有温度计、搅拌器和球形冷凝管的 250 mL 三口烧瓶中，投入 10 g 硫脲和 20 mL 蒸馏水。加热至硫脲全部溶解后（70 ℃左右），再加入 25.7 g（约 30 mL）乙酰乙酸乙酯，搅拌混匀。强力搅拌下迅速投入研磨细的 26.6 g 无水碳酸钠，反应放热，并放出二氧化碳，反应液变成浅黄色。继续加热至 100 ℃，搅拌反应 1 h，常压蒸出反应生成的乙醇，反应物固化。趁热用玻璃棒将瓶中的固体物打碎，静置冷却后，过滤，将滤饼压碎。将压碎后的滤饼转移到 250 mL 的烧杯中，加入 80 mL 的蒸馏水。搅匀后，缓缓地加入浓盐酸（约 40 mL），pH 调到 4 左右，静置，冷却过滤，用少量的冰水洗涤产品，压干，置烘箱中 110～120 ℃ 干燥至恒重，即得甲基硫氧嘧啶粗品（类白色）。计算甲基硫氧嘧啶收率。

【注释】

[1] 本反应属非均相反应，应加强搅拌，以提高产率。

[2] 固体冷却后，性质较坚硬，不便倾出过滤，需在产物没全凝固之前搅碎倾出。

[3] 中和前，尽量将滤饼压碎，以使中和完全。

[4] 由于硫的电负性小于氧，故硫脲中的氨基（—NH_2）的亲核性大于尿素中氨基（—NH_2）的亲核性，硫脲与乙酰乙酸乙酯反应比尿素与乙酰乙酸乙酯反应要容易，前者可用较弱的碱如无水碳酸钠作催化剂，而后者必须用更强的碱如 $NaOC_2H_5$ 作催化剂。

五、思考题

（1）本反应属什么类型的反应？具有什么特点？

（2）试考虑其他合成甲基硫脲嘧啶的路线。

实验 12-5　水杨酸甲酯的合成

一、实验目的

（1）学习酯化反应的基本原理和基本操作。

（2）学习有机回流装置的原理和无水反应的操作要点。

（3）学习有机分液的原理和蒸馏、减压蒸馏等基本操作。

二、实验原理

水杨酸甲酯（methyl salicylate），学名邻羟基苯甲酸甲酯，最早从冬青树叶中提得，所以又叫冬青油（gaultheria oil）。它具有特殊的香味和防腐止痛作用，可作为香料和防腐剂，医药上主要用于外擦止痛和治疗风湿症等。

水杨酸甲酯在自然界广泛存在，是鹿蹄草油、小当药油的主要成分，还存在于晚香玉、檫树、伊兰伊兰、丁香、茶等的精油中。工业上用水杨酸与甲醇在硫酸存在下酯化而得。水杨酸甲酯为具有香味的无色或微黄色油状液体，微溶于水，溶于氯仿、乙醚，与乙醇能混溶。纯水杨酸甲酯的沸点：222.2 ℃/760 mmHg，105 ℃/14 mmHg，密度 $d_{25}^{20}=1.182$，折射率 1.5365，在高温下易分解，所以常用减压蒸馏法提纯。

主要反应式如下：

$$\text{COOH-C}_6\text{H}_4\text{-OH} + CH_3OH \xrightleftharpoons{H^+} \text{CH}_3\text{OOC-C}_6\text{H}_4\text{-OH} + H_2O$$

三、仪器与试剂

（1）仪器：圆底烧瓶（250 mL）、减压蒸馏装置、水浴锅、电热套、分液漏斗、滤纸、空气冷凝管、布氏漏斗、抽滤瓶、锥形瓶、烧杯等。

（2）试剂：水杨酸（0.20 mol 邻羟基苯甲酸）、甲醇、浓硫酸、饱和碳酸氢钠、饱和食盐水、无水硫酸镁。

四、实验步骤

将 28 g 水杨酸置于干燥的 250 mL 圆底烧瓶中，加入甲醇 81 mL，振摇使水杨酸溶解。在不断振摇下，慢慢加入浓硫酸 16 mL，然后在水浴中加热回流 1.5~2 h。稍冷后（<30 ℃），改成蒸馏装置回收甲醇（64.8 ℃馏分），剩余溶液放冷后，倒入盛有 100 mL 饱和食盐水的分液漏斗中，振摇并静置，分出下层油状物，用饱和碳酸氢钠溶液洗至中性，再用水洗 1~2 次，将水杨酸甲酯置于干燥小锥形瓶中，加入 5 g 无水硫酸镁，振摇，放置半小时以上，过滤，滤液进行减压蒸馏，收集 115~117 ℃/20 mmHg 或 100~102 ℃/12 mmHg 的产品，计算收率（产量 15~20 g）。

【注释】

［1］反应仪器一定要干燥，否则将降低产率。

［2］反应过程温度不可以过高，否则生成的酯容易分解，影响产率。

［3］用饱和碳酸氢钠洗涤的目的是除去杂质酸类（硫酸和水杨酸），注意排放二氧化碳的速度。

［4］加无水硫酸镁的目的是干燥水杨酸甲酯。

五、思考题

（1）本反应为什么要加入浓硫酸？

（2）甲醇和水杨酸的摩尔比是多少？为什么？

（3）本实验从回流装置改成蒸馏装置这一过程的操作顺序及注意事项是什么？

（4）产品为什么要用碱洗、水洗？

（5）为什么用减压蒸馏法精制水杨酸甲酯？

（6）本实验减压蒸馏时为什么用空气冷凝管？

实验 12-6　磺胺醋酰钠的合成

一、实验目的
(1) 通过磺胺醋酰钠的合成，了解用控制 pH、温度等条件纯化产品的方法。
(2) 加深对磺胺类药物一般理化性质的认识。

二、实验原理
磺胺醋酰钠用于治疗结膜炎、沙眼及其他眼部感染。磺胺醋酰钠化学名为 N-[(4-氨基苯基)-磺酰基]-乙酰胺钠，为白色结晶性粉末，无臭味，微苦，易溶于水，微溶于乙醇、丙酮。

其合成路线如下：
(1) 乙酰化反应

$$H_2N-C_6H_4-SO_2-NH_2 + (CH_3CO)_2O \xrightarrow[pH=12\sim13]{NaOH} H_2N-C_6H_4-SO_2-N(Na)-COCH_3$$

$$\xrightarrow[pH=4\sim5]{H^+} H_2N-C_6H_4-SO_2-NH-COCH_3$$

(2) 成盐反应

$$H_2N-C_6H_4-SO_2-NH-COCH_3 \xrightarrow[pH=7\sim8]{NaOH} H_2N-C_6H_4-SO_2-N(Na)-COCH_3$$

三、仪器与试剂
(1) 仪器：三口烧瓶（100 mL）、球形冷凝管、温度计（100 ℃）、恒温水浴锅、量筒（5 mL，50 mL）、滴管（1 mL）、烧杯（50 mL，250 mL，500 mL，1000 mL）、玻璃棒、布氏漏斗、抽滤瓶（500 mL）、滤纸、集热式恒温加热磁力搅拌器、电子天平、真空干燥箱、X-4 显微熔点仪、pH 试纸。
(2) 试剂：磺胺、氢氧化钠、醋酸酐、盐酸、活性炭、丙酮。

四、实验步骤
(1) 磺胺醋酰的制备

在装有搅拌器、球形冷凝管及温度计的 100 mL 三口烧瓶中，依次加入磺胺 17.2 g、22.5% 氢氧化钠水溶液 22 mL，于水浴上加热至 50 ℃ 左右。待磺胺溶解后，分次加入醋酸酐 13.6 mL、43.5% 氢氧化钠 12.5 mL（首先，加入醋酸酐 3.6 mL、43.5% 氢氧化钠 20 mL；随后，每次间隔 5 min，将剩余的 43.5% 氢氧化钠和醋酸酐分 5 次交替加入，每次 2 mL）。加料期间反应温度维持在 50~55 ℃，并保持反应液的 pH 在 12~13 之间，加料完毕继续保持此温度反应 30 min（反应完毕应为透明的溶液，如果 pH 过高，则有固形物，可能为磺胺二钠，在下述调节 pH 至 7 的过程中发现固形物先溶解，而后在 pH 接近 7 的时候又析出固体）。反应完毕，停止搅拌，将反应液倾入 250 mL 烧杯中。加入 20 mL 水稀释，于冷水浴（用 1000 mL 大烧杯装适量自来水）中用 36% 盐酸调至 pH 为 7，放置 30 min，并不时搅拌以加速固体析出，抽滤，滤饼（磺胺）回收。滤液用 36％盐酸调至 pH 为 4～5，此时又有固体析出，再次抽滤，滤饼（磺胺醋酰和双乙酰化合物的混合物）压紧抽干，得黄色粉末。

用 3 倍量（3 mL/g）10％盐酸（体积比，即 10 mL 36％的盐酸加 90 mL 水）溶解得到黄色粉末，不停搅拌，尽量使单乙酰物成盐溶解，放置一段时间后，抽滤除不溶物（双乙酰化物）。滤液加少量活性炭，50～60 ℃加热脱色 10 min，抽滤。滤液用 43.5％氢氧化钠调至 pH=5，析出黄色固体（磺胺醋酰），抽滤，压干。置于真空干燥箱中干燥，并测其熔点（183～184 ℃）。

(2) 磺胺醋酰钠的制备

将磺胺醋酰置于 50 mL 烧杯中，于 90 ℃热水浴上滴加计算量的 20％氢氧化钠至固体恰好溶解，冷却，有结晶析出（磺胺醋酰钠），抽滤（用丙酮转移），滤饼压干，置于真空干燥箱中干燥至恒重，计算收率。

【注释】

[1] 在反应过程中交替加料很重要，以使反应液始终保持一定的 pH 值（pH=12～13），否则收率会降低。

[2] 按实验步骤严格控制每步反应的 pH 值，以利于除去杂质。

[3] 将磺胺醋酰制成钠盐时，应严格控制 20％NaOH 溶液的用量，按计算量滴加。

[4] 由计算可知需 2.3 g NaOH。因磺胺醋酰钠水溶性大，由磺胺醋酰制备其钠盐时若 20％ NaOH 的量多于计算量，则损失很大。必要时可加少量丙酮，以使磺胺醋酰钠析出。

[5] 实验中用到的氢氧化钠溶液有多种不同的浓度，切勿用错，否则会导致实验失败。

[6] 氢氧化钠溶液是质量体积分数，比如：40％的氢氧化钠为 40 g 氢氧化钠加水定容至 100 mL 所得到的溶液。

[7] 交替滴加醋酸酐和氢氧化钠溶液，每滴完一种，让其反应 5 min 后，再滴加另一种溶液，用玻璃管滴加，速度以一滴一滴滴下为宜。

[8] 本实验中，pH 的调节是反应能否成功的关键。

[9] 第一步请严格按照加料顺序和加料量操作，一般都会保持 pH=12～13。

五、思考题

(1) 酰化液处理的过程中，pH=7 时析出的固体是什么？pH=5 时析出的固体是什么？10％盐酸中的不溶物是什么？

(2) 反应碱性过强，其结果磺胺生成较多，磺胺醋酰次之，双乙酰物较少；碱性过弱，其结果双乙酰物较多，磺胺醋酰次之，磺胺较少，为什么？

实验 12-7　尿囊素的合成

一、实验目的

(1) 掌握尿囊素的基本性质。

(2) 了解尿囊素的作用和需求现状。

二、实验原理

尿囊素（allantoin）又名 5-脲基乙内酰脲，化学名称为 1-脲基间二氮杂环戊烷-2,4-二酮或 2,5-二氧代-4-咪唑烷基脲，分子式 $C_4H_6O_3N_4$，分子量 158.12，结构式如下：

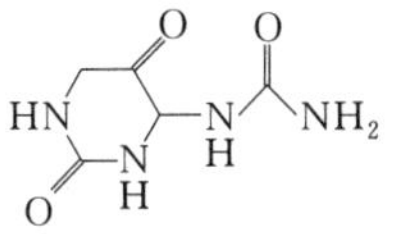

该产品是一种无味无臭的白色结晶，熔点 228~235 ℃，不溶于乙醇、氯仿和乙醚等有机溶剂。在冷水中微溶，可溶于稀乙醇水溶液及丙三醇，能溶于热水、热碱和稀氢氧化钠水溶液中，在热水中随温度升高溶解度显著增加。因其最早在牛的尿囊分泌液中发现，故命名为尿囊素。

尿囊素是一种重要的精细化工产品，被广泛应用于医药、农业和轻工等领域。在医药领域，可医治各种皮肤病，具有促进皮细胞组织生长，促使伤口愈合及镇痛作用。最新研究发现，尿囊素对骨髓炎、肝硬化、糖尿病及癌症都有一定的疗效。在轻化工方面，可直接和间接作为化妆品添加剂及其他日用化工品（如牙膏、洗发水、肥皂）的添加剂，具有润滑、保护组织、亲水、吸水和防止水分散失等作用。在农业方面，可作为植物生长激素，同时又是开发各种复合肥、微肥、长效肥或缓效肥及稀土肥料必不可少的原料。

天然尿囊素广泛存在于自然界中，但数量极为有限。目前，世界上尿囊素的总生产能力约 5 万 t/a，而全球每年潜在的市场需求量大约为 15 万~20 万 t/a。但由于其生产原料、路线和工艺条件等因素的限制，尿囊素合成的产率一直很低，成本较高，国内总生产能力约 1000 t/a，而需求达 1 万 t/a。

在尿囊素的工业合成方法中，国内外大多采用乙醛酸与尿素直接缩合，该工艺由于采用硝酸为催化剂，故而反应中有 NO、NO_2 毒气逸出，而且具有对设备腐蚀严重、反应操作不易控制等缺点。

本实验以乙二醛为原料，经双氧水氧化、尿素缩合制取尿囊素。采用杂多酸-磷钨酸为氧化催化剂，不但克服了有毒气体逸出造成的环境污染、设备腐蚀等缺点，而且工艺操作简单，尿囊素产率高，具有较高的工业应用前景。反应式如下：

第一步：

$$CHO-CHO+H_2O_2 \longrightarrow CHOCOOH+H_2O$$

$$CHO-CHO+2H_2O_2 \longrightarrow COOHCOOH+H_2O（副反应）$$

第二步：

$$CHOCOOH+2CO(NH_2)_2 \longrightarrow C_4H_6O_3N_4+2H_2O$$

尿囊素生产的工艺路线见图 12-1：

乙二醛 $\xrightarrow{FeSO_4/H_2O_2}$ 乙醛酸 $\xrightarrow{尿素缩合}$ 粗尿囊素 $\xrightarrow{过滤}$ 结晶 $\xrightarrow{95℃, H_2O}$ 重结晶 $\xrightarrow{过滤}$ 精制尿囊素

图 12-1 尿囊素制备的工艺流程

三、仪器与试剂

(1) 仪器：三口烧瓶（250 mL）、滴液漏斗、布氏漏斗、抽滤瓶、滤纸、机械搅拌器、温度计、电热套或电炉、水浴锅。

(2) 试剂：30% 乙二醛、30% H_2O_2、尿素（99.0%）、磷钨酸、$FeSO_4$。

四、实验步骤

(1) 乙醛酸的合成

在 250 mL 三口烧瓶中加入质量分数为 30% 的乙二醛水溶液 0.25 mol（45 mL），置于 5~8 ℃ 水浴中，分别用两个恒压滴液漏斗同时缓慢加入 $FeSO_4$ 饱和溶液（30 mL）和质量分数为 30% 的 H_2O_2 溶液（30 mL），开启搅拌器，控制加料速度，使反应温度保持在 5~8 ℃ 内，2~3 h 加料完毕，继续搅拌 0.5~1 h，静置。

(2) 尿囊素的合成

直接在三口烧瓶中加入催化剂磷钨酸 0.5 g、尿素 30 g（分 2 次加完），在 75~80 ℃ 下，反应 2 h。反应完毕后，将缩合液冷却至室温过滤，收集白色沉淀。沉淀用 95 ℃ 的蒸馏水煮 0.5 h（重结晶）。然后趁热过滤去除不溶杂质收集滤液，滤液冷却至室温后过滤，得到白色结晶即为精制尿囊素。

五、思考题

(1) 为什么采用 30% 的 H_2O_2 溶液氧化乙二醛制备乙醛酸？加入 $FeSO_4$ 饱和溶液的作用是什么？

(2) 本实验的反应温度控制在 5~8 ℃ 内，若反应温度控制得较高或较低，会产生什么样的结果？对尿囊素的产率有何影响？

(3) 重结晶的原理是什么？如何操作？

实验 12-8　间氟甲苯的制备

一、实验目的

(1) 掌握间氟甲苯的制备方法。

(2) 掌握重氮化反应的机理。

(3) 了解间氟甲苯的性质和用途。

二、实验原理

间氟甲苯可用于有机合成，经氯化、氧化制得 2,4-二氯-5-氟苯甲酸，可用于制取医药中间体。

间氟甲苯是以间硝基甲苯为原料，经铁粉还原，得到间甲苯胺，再经重氮化，制得间甲苯重氮氟硼酸盐，再将重氮盐热解而置换为氟基。反应方程式如下：

还原：

$$4\ \text{C}_6\text{H}_4(\text{NO}_2)(\text{CH}_3) + 9\text{Fe} + 4\text{H}_2\text{O} \xrightarrow{\text{HCl}} 4\ \text{C}_6\text{H}_4(\text{NH}_2)(\text{CH}_3) + 3\text{Fe}_3\text{O}_4$$

重氮化：

$$\text{C}_6\text{H}_4(\text{CH}_3)(\text{NH}_2) \xrightarrow[\text{NaBF}_4]{\text{NaNO}_2} \text{C}_6\text{H}_4(\text{CH}_3)(\text{N}_2\text{BF}_4)$$

热解：

$$\underset{\substack{\\N_2BF_4}}{\underset{CH_3}{\bigcirc}} \xrightarrow{\Delta} \underset{\substack{\\F}}{\underset{CH_3}{\bigcirc}} + N_2 + BF_3$$

三、仪器与试剂

(1) 仪器：四口烧瓶（500 mL）、搅拌器、温度计、球形冷凝器、蒸馏装置、托盘天平、电热套、滴液漏斗。

(2) 试剂：氯化铵、铁粉、间硝基甲苯、盐酸、亚硝酸钠、氟硼酸钠。

四、实验步骤

(1) 间甲苯胺的制备

在装有搅拌器、温度计、球形冷凝器的 500 mL 四口烧瓶中，加入水 110 mL、氯化铵 5.3 g，搅拌溶解，再加入铁粉 42 g、间硝基甲苯 29 g（0.2 mol），剧烈搅拌，反应平衡后，慢慢加热回流 2 h。蒸馏，收集 83～84 ℃（666Pa）的馏分，得无色液体间甲苯胺。

(2) 间甲苯重氮氟硼酸盐的制备

在装有搅拌器、温度计、球形冷凝器的 500 mL 四口烧瓶中，加入盐酸 58 mL、间甲苯胺 21 g（0.196 mol），搅拌溶解，在剧烈搅拌下于 0～5 ℃ 滴加 14.1 g（0.2 mol）亚硝酸钠配成的溶液（加水 23 mL），于 1 h 内加完，继续反应 30 min。测试反应终点。再分 8 批加入氟硼酸钠溶液（氟硼酸钠 23.7 g，加水 30 mL），于 15 min 内加完，继续搅拌 30 min。过滤，得灰白色固体间甲苯重氮氟硼酸盐。

(3) 间氟甲苯的制备

将间甲苯重氮氟硼酸盐加热处理，制得无色液体间氟甲苯，收率 81%。

本品为无色液体，折射率 1.4624，沸点 112～114 ℃。

【注释】

[1] 浓盐酸具有挥发性，注意使用安全。

[2] 在重氮化反应时注意控制反应温度。

五、思考题

(1) 简述间甲苯胺重氮化反应的机理。

(2) 说明重氮化反应的终点控制方法。

实验 12-9　药物安妥明的制备

一、实验目的

(1) 了解相转移催化反应和卡宾反应的基本原理。

(2) 掌握相转移催化法合成安妥明的操作及检测方法。

(3) 熟悉油水分离操作。

二、实验原理

安妥明（clofibrate）化学名为对氯苯氧异丁酸乙酯，常用于降低血液中胆固醇。其合成分两步进行：首先制备对氯苯氧异丁酸，然后进行酯化反应即得安妥明。

相转移催化（PTC）反应是 20 世纪 60 年代发展起来的合成新技术，已在烃基化、亲核取代、加成、氧化-还原和 Wittig 反应等方面得到应用。PTC 反应一般条件温和，无需太高温度，常用溶剂有二氯甲烷、苯、乙腈等。PTC 具有反应快、条件温和、收率高和产品纯的特点。制备对氯苯氧异丁酸如果按下述反应进行：

$$Cl-C_6H_4-OH + CHCl_3 + CH_3COCH_3 \xrightarrow{\text{固体 NaOH}} Cl-C_6H_4-O-C(CH_3)_2-COOH$$

若用 NaOH 固体直接反应，由于 NaOH 在 CH_3COCH_3 中溶解度小，需要长时间搅拌，若用浓 NaOH 溶液，则催化能力降低，并引起 CH_3COCH_3 水解。如用苄基三乙基氯化铵（TEBA）作相转移催化剂催化上述反应，则可使反应易于进行，并提高了收率。

合成路线如下：

$$Cl-C_6H_4-OH + CHCl_3 + CH_3COCH_3 \xrightarrow[50\% \text{ NaOH}]{\text{TEBA}} Cl-C_6H_4-O-C(CH_3)_2-COOH$$

$$Cl-C_6H_4-O-C(CH_3)_2-COOH + C_2H_5OH \xrightarrow{H_2SO_4} Cl-C_6H_4-O-C(CH_3)_2-COOC_2H_5$$

三、仪器与试剂

(1) 仪器：三口烧瓶（250 mL）、圆底烧瓶（100 mL）、减压蒸馏装置、水浴锅、电动搅拌器、油水分离器、托盘天平、沸石、球形冷凝管、烧杯、量筒、电热套、温度计、布氏漏斗、抽滤瓶、滤纸、微机熔点测定仪、红外光谱仪、pH 试纸。

(2) 试剂：对氯苯酚、丙酮、氢氧化钠溶液（50%，0.5%）、氯仿、甲苯、苯、盐酸、浓硫酸、无水乙醇、苄基三乙基氯化铵（TEBA）。

四、实验步骤

(1) 对氯苯氧异丁酸的制备

250 mL 三口烧瓶中加入对氯苯酚 13.5 g（0.105 mol）、丙酮 120 mL、50% 氢氧化钠溶液 50 mL 和 TEBA 1.0 g（0.004 mol），再搅拌滴加氯仿 13 mL（0.15 mol），保持在 30～40 ℃，加完待反应平衡后，加热回流 0.5 h，升温到 60 ℃ 左右用盐酸调节 pH 值为 2，析出晶体，冷却，过滤，依次用水和甲苯洗涤，干燥后测定其熔点（文献值为 117～122 ℃）和红外光谱，计算收率。若纯度不够，可用水重结晶。

(2) 安妥明的制备

100 mL 圆底烧瓶中放入对氯苯氧异丁酸 15 g（0.07 mol）、25 mL 无水乙醇、20 mL 苯及 4 mL 浓硫酸，摇匀后加入沸石，其上装一油水分离器，油水分离器上放一冷凝管，在油水分离器中放入水至支管处，然后放去约 8 mL。将烧瓶在水浴加热回流，开始时回流速度要慢，随着回流的进行，油水分离器中出现了三层液体，回流至中层液体达 7～8 mL，即停止加热，放出中、下层液体并记下体积。继续用水浴加热，使多余的苯和乙醇蒸发至油水分离器中（当充满时可由活塞放出）。瓶中残留液倒入盛有 100 mL 冷水的烧杯中，有机层先用 0.5% 氢氧化钠洗涤，再用水洗至中性，尽量分去水分，然后减压蒸馏，收集 148～150 ℃/20 mmHg 的馏分。用收集到的馏分测定红外光谱。

把两次测得的红外光谱图进行比较，注意比较吸收基团波数的变化。

【注释】

[1] 1 mol 氯苄、1 mol 三乙胺、1 mol 丙酮（或乙腈）的混合液室温下放置过夜。

[2] 将氯苄和三乙胺在甲苯中回流 4～5 天，即可得到接近理论产率的 TEBA。

五、思考题
(1) 对氯苯氧异丁酸制备时为什么使用相转移催化法进行？能用其他方法吗？
(2) 合成安妥明时使用油水分离法的目的是什么？油水分离器中的三层液体各是什么？

实验 12-10　从猫豆粉中提取抗震颤药左旋多巴

一、实验目的
(1) 了解左旋多巴的性质和用途。
(2) 掌握阴离子交换法提取植物有效成分的条件及操作。

二、实验原理
左旋多巴（levodopa，3,4-dihydroxyphenyl-L-alanine）是目前治疗帕金森病的主要药物，白色晶体，分子式为 $C_9H_{11}NO_4$，是苯丙氨酸类化合物。其等电点在 pH 3.5 左右，易溶于水，不溶于乙醇等有机溶剂，分子中的邻二酚羟基在酸性下稳定，在中性或碱性条件下易缩合。其结构式如下：

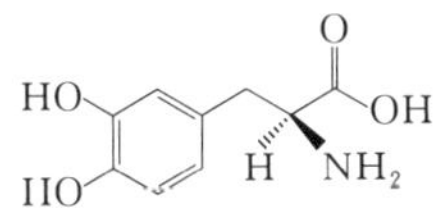

左旋多巴一般是从油麻藤属植物种子中获得，其中猫豆的左旋多巴含量大约为 6%～7%，含量高，易栽培，一年生，适合作为工业化生产的原料。但由于植物成分复杂，溶剂法工艺的提取液的多种杂质对产品收率影响较大，如果用离子交换法处理水提取液，去除大量杂质，可以提高产品的收率。

三、仪器与试剂
(1) 仪器：搅拌器、烧杯、量筒、棕色量瓶、吸液管、$\phi 1\ cm \times 20\ cm$ 色谱柱、离心机、离心管、电热套、鼓风干燥箱、真空水泵、布氏漏斗、抽滤瓶、滤纸、酸式滴定管、粉碎机、40 目筛、比旋光仪。
(2) 试剂：猫豆种子、去离子水、蒸馏水、D296 阴离子交换树脂（按说明活化）、醋酸溶液（5%）、三氯化铁溶液、冰醋酸（3%）、活性炭（5%）、无水乙醇、盐酸、氨水、氢氧化钠、茚三酮、无水甲酸、结晶紫指示剂、高氯酸、乌洛托品。

四、实验步骤
(1) 左旋多巴的提取和精制
① 左旋多巴提取液的制备：取猫豆种子粉碎过 40 目筛取 100g，以 50℃ 去离子水 50 倍量分三次浸提，每次浸提时搅拌 15 min，静置 15 min，然后吸取上清液离心去除悬浮物，5℃ 储藏备用。
② 离子交换提取左旋多巴：在 $\phi 1\ cm \times 20\ cm$ 色谱柱中装入 10 mL D296 阴离子交换树脂（事先按有关说明书进行活化），洗涤平衡后，加入定量的提取液，使其以 1.5BV/h（或 1.0 mL/min）的流速下行通过树脂柱，溶液流至树脂床上表面后，用蒸馏水快速冲洗柱床，然后加入 5% 醋酸溶液，下行通过树脂柱进行解吸，收集流出液直到三氯化铁试剂检验至无蓝色。

③ 左旋多巴产品的提取：将洗脱液合并，40~50 ℃真空浓缩至原体积的 1/4~1/3，5 ℃放置 24 h 结晶，减压过滤得到粗产品。

④ 精制：粗产品加 30~40 倍蒸馏水，3%冰醋酸搅拌溶解后加热至沸，加入 5%活性炭并需煮沸 2~3 min 进行脱色，趁热过滤，5 ℃放置 24 h，离心过滤得到白色晶体，用少量蒸馏水及无水乙醇洗涤后，40 ℃鼓风干燥，收率为 4.2%~4.5%。

⑤ 检验：精制后的晶体按 2020 版《中国药典》要求方法测定其比旋光度及含量等项目。

(2) 左旋多巴的鉴别和定量测定

① 定性鉴别：取本品约 5 mg 加盐酸溶液（9%~10%）5 mL 使之溶解，加三氯化铁溶液 2 滴，即显绿色。分取溶液 2.5 mL，加过量的氨水溶液，即显紫色；剩余的溶液中加过量的氢氧化钠溶液，即显红色。取本品约 5 mg，加水 5 mL 使溶解，加 1%茚三酮溶液 1 mL，置水浴中加热，溶液渐显紫色。本品的红外吸收图谱见图 12-2。

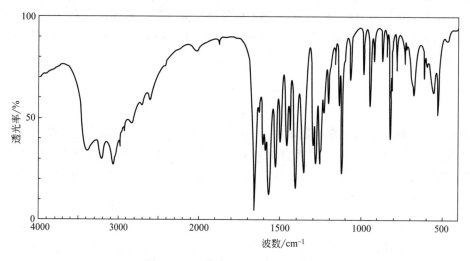

图 12-2　左旋多巴的红外吸收光谱

② 定量测定：取本品约 0.1 g，精密称量，加无水甲酸 2 mL 使之溶解，加冰醋酸 20 mL 摇匀，加结晶紫指示液 2 滴，用高氯酸滴定液（0.1 mol/L）滴定，至溶液显绿色，并将滴定的结果用空白试验校正。每 1 mL 高氯酸滴定液（0.1 mol/L）相当于 19.72 mg 的 $C_9H_{11}NO_4$。比旋光度：取本品约 0.2 g，精密称定，置 25 mL 棕色量瓶中，加乌洛托品 5 g，再加盐酸溶液（9%~10%）溶解并稀释至刻度，摇匀，避光放置 3 h，测定比旋光度为 -159~-168。

【注释】

[1] 柱色谱时控制洗脱液流速。

五、思考题

(1) 左旋多巴提取时如果使用温度过高的去离子水有何不好？

(2) 用酸性或碱性过强的溶液提取左旋多巴对收率均有影响，为什么？

(3) 使用真空浓缩的目的是缩短时间，为什么浓缩时间过长不好？

(4) 能用阳离子交换树脂进行实验吗？需要什么条件？在此条件下对收率有何影响？

参 考 文 献

[1] 谢亚杰,宗乾收,缪程平. 精细化工实验与设计[M]. 北京:化学工业出版社,2019.
[2] 黄向红,李赫. 精细化工实验[M]. 北京:化学工业出版社,2012.
[3] 李浙齐. 精细化工实验[M]. 北京:国防工业出版社,2009.
[4] 强生亮,王慎敏. 精细化工综合实验[M]. 第七版. 哈尔滨:哈尔滨工业大学出版社,2015.
[5] 何自强,刘桂艳,张惠玲. 精细化工实验[M]. 北京:化学工业出版社,2015.
[6] 王婕. 精细化工实验[M]. 北京:中国石化出版社,2016.
[7] 朱凯,朱新宝. 精细化工实验[M]. 北京:中国林业出版社,2012.
[8] 王娟娟. 精细化工实验[M]. 北京:化学工业出版社,2010.
[9] 刘红. 精细化工实验[M]. 北京:中国石化出版社,2010.
[10] 冷士良. 精细化工实验技术[M]. 北京:化学工业出版社,2011.
[11] 余述燕,兰宏兵,李刚森,等. 高校精细化工实验教学改革与探索[J]. 河南化工,2016,33:58-59.
[12] 颜红侠. 现代精细化工实验[M]. 西安:西北工业大学出版社,2015.
[13] 曾雪珍. 绿色化学理念下的精细化学品化学和精细化工实验教学探索[J]. 化工管理,2019,33:15-16.
[14] 孙悦,任铁强,乔庆东,等. 辅助教学手段在精细化工实验教学中的探索[J]. 实验室科学,2019,22(02):113-115,118.
[15] 吴瑞红. 多维互动式教学在《精细化工实验》课程教学中的应用[J]. 当代化工研究,2018,09:37-38.
[16] 吴瑞红. 基于微信公共平台的精细化工实验课程混合教学模式研究[J]. 云南化工,2018,45(06):255-256.
[17] 孙悦,任铁强,乔庆东,等. 地方高校精细化工专业实验室安全管理探讨[J]. 实验室科学,2018,21(02):206-208,212.
[18] 栾吉梅,刘馨,方龙,等. 工程教育认证下精细化工实验教学改革探讨[J]. 实验技术与管理,2018,35(02):204-206,225.
[19] 曾小君,李巧云,付任重,等. 构建大学生科技创新团队的探索与实践[J]. 实验科学与技术,2018,16(01):48-50.
[20] 谢永,张德谨,杨子毅. 岗位模式的精细化工实验教学的实践分析[J]. 山东化工,2017,46(24):144-145.
[21] 钱诚,曾小君,付任重. 基于Blackboard平台的精细化工实验网络课程建设与实践[J]. 广东化工,2017,44(20):196-197.
[22] 何黎静. 精细化工实验推行绿色化的探索与实践研究[J]. 化工管理,2017,11:54.
[23] 刘光印,张瑞雪,王琳,等. 转型发展背景下精细化工实验教学改革初探[J]. 山东化工,2016,45(21):154-155.
[24] 余述燕,兰宏兵,李刚森,等. 高校精细化工实验教学改革与探索[J]. 河南化工,2016,33(09):58-59.
[25] 何自强,张慧玲. 培养创新型人才的精细化工实验绿色化改革[J]. 化学教育,2016,37(06):58-60.
[26] 刘仕伟,李露,于世涛. 精细化工实验教学模式的探索与实践[J]. 大学教育,2015,05:114-115,133.
[27] 王贝,杨欢. 十二烷基苯磺酸钠的合成工艺研究[J]. 山东化工,2018,47(17):49-51.
[28] 袁建坡. 新型吲唑类、四嗪类与吡啶并吡唑类农药的合成及其生物活性研究[D]. 青岛:青岛科技

大学，2016.
- [29] 薛超，宁斌科，刘军，等．甲羧除草醚的合成 [J]．农药科学与管理，2011，32（03）：20-22.
- [30] 柴凤兰，徐海云，杨诗佳．增塑剂邻苯二甲酸二丁酯的绿色合成 [J]．应用化工，2014，43（03）：465-467.
- [31] 张宏，王艳戎，罗兰．2-甲基苯并咪唑的合成工艺研究 [J]．四川化工，2018，21（04）：4-5.
- [32] 薛循育，柯德宏，刘征宙．苯并三氮唑合成工艺的改进 [J]．上海化工，2019，44（05）：22-24.
- [33] 陈建福．四溴双酚 A 的合成工艺改进 [J]．盐湖研究，2011，19（04）：49-52.
- [34] 王勤．新型聚丙烯酰胺絮凝剂的合成与研究进展 [J]．化工管理，2019，36：194-195.
- [35] 王建广，褚书逵，文治天，等．苯乙烯-马来酸酐共聚物的合成研究进展 [J]．淮海工学院学报（自然科学版），2015，24（01）：53-58.
- [36] 洪林娜，李斌，黄辉，等．改性聚醋酸乙烯酯乳液的制备及其性能研究 [J]．石油化工，2013，42（10）：1154-1158.
- [37] 陈长宝，汪建民，艾仕云，等．综合化学实验——聚乙烯醇缩甲醛胶水的制备与分析 [J]．广东化工，2015，42（21）：5-6，28.
- [38] 张明晖，孙旗龄，冯裕智，等．纳米 SiO_2 改性苯丙乳液的制备及其疏水性能 [J]．合成树脂及塑料，2020，37（01）：21-24，32.
- [39] 付超．低 VOCs 水性木器漆用苯丙乳液的制备研究 [J]．化工管理，2020，01：31-32.
- [40] 谢德明，陈晨，杨珊珊．苯丙乳液的制备及其对自泳涂层的影响 [J]．浙江工业大学学报，2019，47（06）：672-678.
- [41] 徐佳新，姚宇煊，廖颖杰，等．经济型高固含量苯丙乳液的制备及性能研究 [J]．辽宁化工，2019，48（10）：951-956.
- [42] 蔡建泉．改性聚丙烯酸酯乳液的合成与粘结性能 [D]．福州：福建师范大学，2017.
- [43] 李卓麟．高性能聚丙烯酸酯乳液的合成及应用 [D]．广州：广东工业大学，2016.
- [44] 戴欧阳．阳离子醋酸乙烯酯-叔碳酸乙烯酯乳液的制备及改性研究 [D]．杭州：浙江工业大学，2019.
- [45] 袁明雨．硅磷阻燃型聚醋酸乙烯酯乳液的制备与应用研究 [D]．兰州：西北民族大学，2019.
- [46] 冉飒．水玻璃-聚乙烯醇复合膜的研制及其特性评价 [D]．重庆：西南大学，2016.
- [47] 王忠宾．姜油提取方法及工艺参数研究 [D]．泰安：山东农业大学，2012.
- [48] 陈冬，张晓阳，刘尧政，等．姜油纳米乳液超声波乳化制备工艺及其稳定性研究 [J]．农业机械学报，2016，47（06）：250-258.
- [49] 聂迎芳，史久洲，孙露，等．4-羟基香豆素的合成及晶体结构 [J]．广州化学，2020，45（01）：50-54.
- [50] 吴绍艳，李进，周顺，等．香豆素及其衍生物的合成及应用研究 [J]．广东化工，2019，46（24）：127-128.
- [51] 杨文生．香豆素-3-羧酸的制备及光谱性质研究 [J]．化学工程师，2016，30（11）：82-85.
- [52] 肖迪，郑旺，魏晓玉，等．氯化胆碱催化合成香豆素-3-羧酸 [J]．应用化学，2017，34（11）：1295-1300.
- [53] 陈子申，许鹏辉，郭宇，等．溶剂法合成高粘度玉米羧甲基淀粉的研究 [J]．天津化工，2020，34（01）：20-23.
- [54] 白天，薛刚，孙明明，等．中温固化酚醛胶粘剂固化工艺及粘接性能研究 [J]．化学与粘合，2019，41（04）：275-278，292.
- [55] 章智华，钟舒睿，彭飞，等．微胶囊壁材及制备技术的研究进展 [J]．食品科学，2020，41（09）：246-253.
- [56] 徐朝阳，余红伟，陆刚，等．微胶囊的制备方法及应用进展 [J]．弹性体，2019，29（04）：78-82.

[57] 倪文骁, 邵立伟, 于勐, 等. 富马酸二甲酯的合成研究 [J]. 江西化工, 2019, 04: 73-74.
[58] 张跃伟, 高宏达, 韩广文, 等. 新型强效 AES 洗洁精的制备 [J]. 吉林化工学院学报, 2017, 34 (09): 12-15.
[59] 冯天祥, 洪晓华. 液体洗衣剂的配方研究 [J]. 日用化学品科学, 2013, 36 (03): 50-52.
[60] 诺曼霍尔, 马德雄. 肥皂结构对配方以及使用性能的意义 [J]. 中国洗涤用品工业, 2015, 08: 63-77.
[61] 李健鹏, 李险峰, 陈鸿雁, 等. 高稳定性甲基橙的室温合成及其性能研究 [J]. 湖北大学学报 (自然科学版), 2020, 42 (04): 428-435.
[62] 张琎珺. 水解沉淀硅藻土负载纳米 TiO_2 及性能优化研究 [D]. 北京: 中国建筑材料科学研究总院, 2016.
[63] 范亮飞, 王士凡, 堵锡华, 等. P(AA-co-S) 高吸水性树脂的制备及性能研究 [J]. 化工新型材料, 2020, 48 (04): 231-233, 237.
[64] 王松林, 李永祥, 任君. 对硝基苯甲酸的制备新工艺 [J]. 山西化工, 2020, 40 (01): 1-4.
[65] 谭大志, 陈渡文, 李博楠, 等. 水杨酸甲酯制备实验的改进 [J]. 实验室科学, 2019, 22 (02): 24-25.
[66] 范文杰, 李博楠, 张丕基, 等. 水杨酸甲酯制备实验的改进 [J]. 化学教育 (中英文), 2019, 40 (02): 48-50.
[67] 吕祎彤. 磺胺醋酰钠的合成优化 [J]. 化工设计通讯, 2018, 44 (07): 5.
[68] 乐夏云. 磺胺醋酰钠的合成工艺 [J]. 当代化工研究, 2018, 03: 117-118.
[69] 詹长娟, 徐伟, 王华, 等. 磺胺醋酰钠合成工艺的改进 [J]. 应用化工, 2015, 44 (01): 119-121.
[70] 贾洪秀, 郭宗端, 李新柱, 等. 尿囊素的合成及在农业领域的应用进展 [J]. 山东化工, 2015, 44 (23): 46-47, 51.
[71] 向阳, 刘晓逾, 闫伟, 等. 固体超强酸催化合成尿囊素的研究进展 [J]. 化工中间体, 2013, 10 (03): 11-14.
[72] 李小东, 巨婷婷, 宗菲菲, 等. 乙酰水杨酸合成研究进展 [J]. 广州化工, 2019, 47 (15): 21-22, 51.
[73] 蒋成君, 程桂林. 肉桂酸合成实验的改进 [J]. 实验室科学, 2019, 22 (05): 37-38, 44.
[74] 陈佳俊, 费学宁, 曹凌云, 等. 有机颜料大红粉的改性及废水处理 [J]. 化工进展, 2010, 29 (S1): 662-665.
[75] 田艳. 辣椒红色素提取、分离及辐照稳定性研究 [D]. 长沙: 湖南农业大学, 2013.
[76] 张胜海, 夏忠丽, 郭卫松, 等. 通过 Gabriel 反应合成经典化学发光试剂鲁米诺 [J]. 化学试剂, 2019, 41 (04): 421-424.
[77] 王银霞, 王宏社. n-Bu_2SnO 催化合成 7-羟基-4-甲基香豆素 [J]. 广东化工, 2020, 47 (12): 67-68.
[78] 张琴芳, 张红素, 任小雨. 对苯甲酸和苯甲醇制备实验的改进 [J]. 实验室科学, 2021, 24 (01): 4-7.
[79] 胡广镇, 宋晓明. 水性光油的发展 [J]. 出版与印刷, 2012, (01): 32-33.
[80] 姜雨晴, 王玲, 林泳峰, 等. 四溴双酚 A 的光转化过程及机理 [J]. 环境化学, 2022, 41 (04): 1226-1235.
[81] 朱晨, 李珂, 周密, 等. 2,4-二氯苯氧乙酸合成工艺的研究进展 [J]. 广东化工, 2020, 47 (09): 87-88, 78.